室内设计快速表现
——线稿篇

FAST PERFORMANCE OF
INTERIOR DESIGN
—— LINE DRAFT

宋盈滨 潘梦妍 金 山 ◇ 编著

绘世界 张光辉 ◇ 策划

中国林业出版社

图书在版编目(CIP)数据

室内设计快速表现：线稿篇/宋盈滨，潘梦妍，金山编著. —北京：
中国林业出版社，2021.4
ISBN 978-7-5219-0933-3

Ⅰ. ①室… Ⅱ. ①宋… ②潘… ③金… Ⅲ. ①室内装饰设计-
绘画技法 Ⅳ. ①TU204.11

中国版本图书馆 CIP 数据核字(2021)第 006340 号

中国林业出版社

特约策划：张光辉
责任编辑：李 顺 马吉萍
电 话：(010)83143569

出 版：中国林业出版社(100009 北京市西城区德内大街刘海胡同 7 号)
网 站：http://www.forestry.gov.cn/lycb.html
印 刷：北京紫瑞利印刷有限公司
发 行：中国林业出版社
版 次：2021 年 4 月第 1 版
印 次：2021 年 4 月第 1 次印刷
开 本：889mm×1194mm 1/16
印 张：9.5
字 数：250 千字
定 价：58.00 元

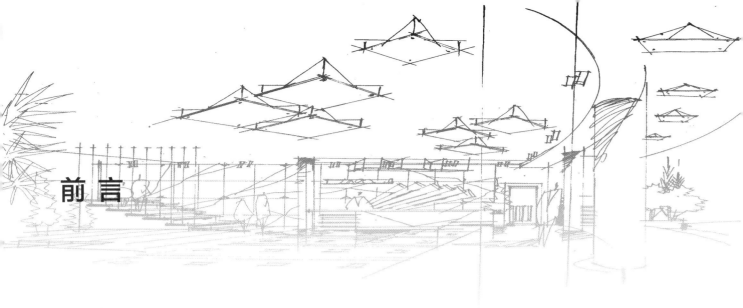

前言

　　室内空间设计的营造和呈现都离不开手绘线稿的表达，对于设计从业者而言，空间表达手法的好坏影响着方案后期的深化和完善。手绘线稿不仅是一种表现形式，也是一种强有效的沟通途径，对于高校而言，学习设计专业的学生有着至关重要的作用，它贯穿于设计过程的始终，也是与他人沟通设计想法的重要手段，此外还能通过手绘线稿的方式记录设计资料、整理设计想法、揣摩设计思路。手绘线稿并不需要像一幅精美的美术作品，只需要能够清楚地表达出设计思路、设计理念、设计主题等即可。相比画面是否美观，信息的传递更加重要。掌握该学习绘图技法的同时，更是完成了一门重要的专业基础修养课程，并潜移默化地影响后续专业知识的学习，从而可以提升专业设计素质。

　　本书内容打开了学生对于室内空间设计语言的思考，阐述了室内空间的趣味性，提升了教师和学生间的沟通能力。本书共5章。第1章为准备篇：主要介绍了室内手绘线稿的作用和意义，室内手绘线稿的学习方法，工具与材料，心态准备；第2章为基础篇：主要介绍了室内设计基础原理，室内线稿常见线条表现，室内线稿空间透视关系；第3章为进阶篇：主要介绍了室内手绘线稿平、顶、立面表现，室内手绘线稿单体训练，组合训练，室内手绘效果图训练；第4章实战篇：主要介绍了室内快题的表现方法和应用，居住空间的线稿表现，商业与展示空间的线稿表现，酒店空间的线稿表现，餐饮空间的线稿表现；第5章完成篇：主要介绍了部分作品展示。武汉工商学院宋盈滨主任负责本书第1至第4章的编著工作，武汉工商学院潘梦妍老师和绘世界手绘机构金山老师负责本书第5章的编著工作。

　　特别感谢中国林业出版社李顺副编审、马吉萍编辑，绘世界手绘机构金山老师，中国地质大学(武汉)廖启鹏主任、徐青副教授，江汉大学陈莉主任，长江大学何雨清老师，武汉工商学院董晓楠老师、潘梦妍老师对本书的指导和建议。希望本书讲解的内容能够对室内手绘表现教学起到一定的参考作用，对学生起到良好的引导作用。本书在内容上难免存在疏漏，不足之处敬请同行批评指正。

宋盈滨

2020 年 12 月于武汉黄家湖畔

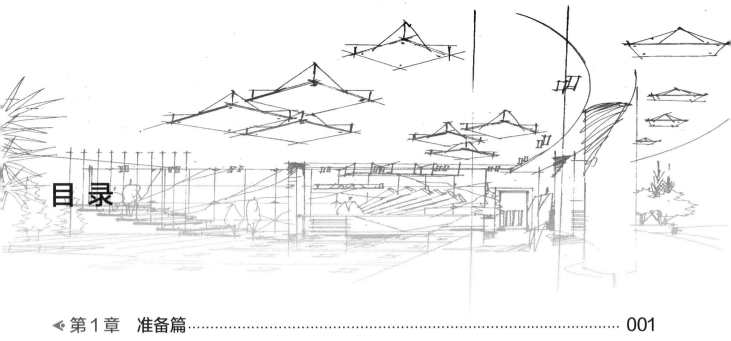

目录

第 1 章

准备篇

1.1　室内手绘线稿的作用和意义

（1）手绘线稿体现设计者的综合素养

对于设计师来说，手绘草图具有不可替代的作用。它是设计师表达方案构思最直观的方式，也是方案从构思迈向现实的一个重要过程。手绘草图已成为设计师必备的专业技能，它不仅能准确地表达设计构思，还能反映设计师的艺术修养、创造个性和能力。

手绘线稿的应用极其广泛。例如在设计现场，可以通过手绘将设计初步构想进行传达；又或者在需要向客户或项目经理解释装饰细节时，运用手绘的形式快速勾勒出详细图样；还包括近年来各大高校的室内设计方向的研究生入学考试，手绘也是专业考核之一。无论是严谨的尺规作图，还是潇洒的徒手快速表达，一手漂亮的手绘线稿是设计者综合素养的体现。

一幅优秀的室内线稿是设计者的另一张名片。一方面通过手绘线稿可以与客户交流，以图说话更具说服力；另一方面手绘线稿也可以与设计者自身进行交流，通过手绘线稿可以加强对整体空间的细节把握。

通过线稿的直观表达，设计者的设计构想、设计意图、设计理念跃然纸上，是设计者综合能力的表达方式之一。

（2）手绘线稿可以捕捉设计师的设计灵感

众所周知，许多知名大师的设计作品，往往都来源于自己刹那间的灵感涌现，通常用手绘的形式在纸上快速勾勒出设计构思，捕捉设计灵感。粗犷的手绘线稿绘制方式是设计师灵感表达的最佳利器，可最直观地表达概念思路，也是概念形成之初的良好表达方式；细致的手绘线稿则是设计想法与外界有效沟通交流的介质之一。相较于电脑绘制设计图纸所需的时间和场地设备的限制，手绘线稿具有用时少、绘制便捷的优势，所以应对手绘的学习加以重视，并且需要认真掌握相关技法（图1-1）。

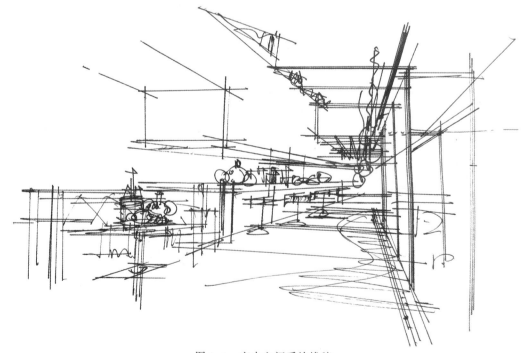

图1-1　室内空间手绘线稿

（3）手绘线稿对整体图面效果起决定作用

对于一幅优秀的手绘作品而言，手绘线稿是成品手绘作品的基础，是画面中完美比例的构图、极具创意的设计、搭配和谐的配色、独特的视觉角度等等。毫无疑问在画面中的这些内容，都离不开精确完整的手绘线稿作为表达基础。对于室内效果图来说，若通过上色去修整线稿的不足，往往比较费力，甚至不可行。也就是说，当手绘线稿具有明显缺陷和问题的时候，进行上色的意义也就微乎其微了。

1.2 室内手绘线稿的学习方法

1.2.1 设计积累

学习手绘的目的是为了表达设计。对于有一定表达能力的人来说，方案是否有创意决定了线稿完成后的整体效果。这就意味着我们在学习表达的时候需要提高设计能力，而积累则是学习的重要方式之一。

通过手绘可以记录优秀设计案例的空间营造效果、界面处理方式等内容；也可以快速记录自己不经意间的设计想法，这些对设计与线稿表达都有潜移默化的积极作用（图1-2）。

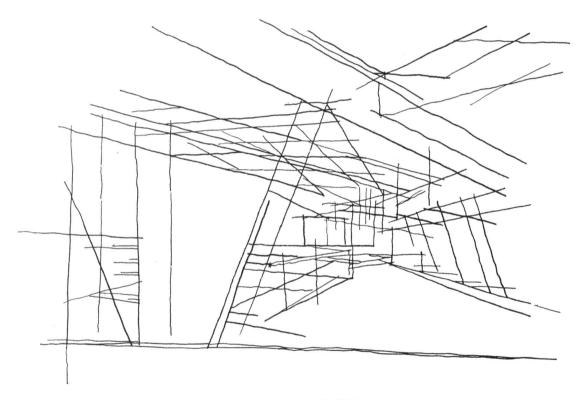

图1-2 室内手绘草图

1.2.2 循序渐进

手绘线稿绘制能力属于一种可以通过科学合理的方法进行提高的技能。学习的过程可从最基础的线条着手，首先掌握不同线型绘制的基本要领与特点、学习空间透视知识与方法；接着通过对单体和组合物品的绘制训练，更进一步把握室内手绘线稿技能；此外，了解空间的结构关系以及单体与单体的相互位置关系也非常重要。善于发掘绘制手绘线稿的兴趣和热情，逐步逐项地提高，每个阶段要明确自己需要提高的方向，加以认真练习，并逐步给自己更多要求（图1-3~图1-5）。

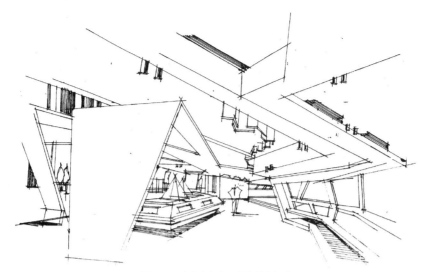

图 1-3　展示空间手绘效果图

图 1-4　商业空间手绘效果

图 1-5　居住空间手绘效果图

1.3　工具与材料

在进行手绘线稿训练时，绘图笔、纸张等绘图工具与材料对设计者的重要性不言而喻。合适的工具与材料无疑将在设计过程中帮助设计者提高速度与表现力，也能够帮助初学者整体了解绘制的相关技能。

1.3.1　纸品和纸材

画纸是设计者表达与创作的直接对象。不同种类的画纸具有不同的特点，根据需求选择正确的纸张，配合相应的画笔工具，进行室内手绘的创作与绘制。

（1）复印纸

建议初学者使用复印纸进行手绘练习。这种纸张性价比较高，适合各种绘图工具，如：铅笔、针管笔、马克笔等。在选择复印纸的时候，建议购买比 A3 复印纸小一号的 B4 复印纸，既方便携带，也便于夹在写生用的速写板上（图1-6）。很多初学者习惯用 A4 纸张，但画图的时候容易"涨"出来，不利于构图。即便构图恰当，图幅也偏小，不利于深入表达，也会制约后期线稿着色。稍微大一点的纸张在练习的时候要随时远看一下画面，养成控制全局的习惯。另外，70g 的纸张稍微薄了一些，也不利于后期着色。

图1-6　B4 复印纸

（2）速写本

速写本具有方便携带、性价比高的特点。不同速写本的纸质也较为不同，市面上大部分速写本纸质一般较厚，使用铅笔、钢笔、绘图笔等工具均可，其种类也较多。建议初学者可以使用速写本作为随身携带的纸张工具，可随时随地进行手绘练习（图1-7）。

图1-7　速写本

（3）绘图纸

绘图纸表面光滑，质地较为厚实，具有吸水性，无论是钢笔、签字笔、马克笔都适用，表现效果颇佳。常用于正规的考试或图纸绘制。

（4）拷贝纸和硫酸纸

拷贝纸和硫酸纸这两种半透明的纸张均作为我们在绘图时的辅助纸张（图1-8、图1-9）。一方面可以对着优秀作品进行蒙图临摹训练，另一方面也可蒙着自己不完善的线稿进行调整，进而提高绘图技巧。

图 1-8　硫酸纸

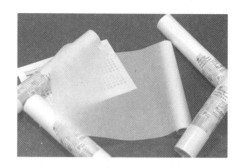

图 1-9　拷贝纸

1.3.2　绘图用笔

笔作为绘图的主要工具，对手绘线稿的整体视觉效果有着非常重要的影响。

（1）铅笔

铅笔作为我们非常熟悉的绘图工具，它的颜色可浓可淡，层次较为丰富，并且非常易于修改，通过对铅笔工具的使用力度可以产生丰富的线条变化。

铅笔一般分为 H 型硬铅笔和 B 型软铅笔，绘画铅笔的使用型号为 H~6B。不同软硬的铅笔，可以表达出不同质感的线条。在绘图笔的准备上，一般以 2B 铅笔作为构思的工具，在草图纸上勾勒草图（图 1-10）。

彩色铅笔也是室内手绘设计中常用的铅笔类工具。彩色铅笔相较于铅笔来说颜色丰富，可表达不同的色彩效果。目前市面上的彩色铅笔可分为两大类别：可溶性彩色铅笔和普通彩色铅笔，在手绘中更推荐购买使用可溶性彩色铅笔。普通彩色铅笔在使用方法上与铅笔一样，在画纸上直接上色即可。可溶性彩色铅笔笔芯较软，绘制出的线条遇水融化，可以给画面带来更丰富的层次效果，常与水彩等工具一同配合使用，呈现画面的色彩变化（图 1-11）。

图 1-10　铅笔

图 1-11　彩色铅笔

（2）钢笔

钢笔具有很强的表现力，笔尖的形状和尺寸多样化，适用于质地较厚较硬的纸张。钢笔也是设计师常使用的绘图工具之一，所绘制出的线条刚劲有力，富有柔韧性，也可以通过线条的组合排列、疏密关系表现画面的层次和变化，具有很强的表现力。钢笔具有不可修改的特质，一经画上，便难以做出调整（图 1-12、图 1-13）。

（3）针管笔

针管笔作为专业的绘图工具，性价比较高，也是非常适合初学者的绘图工具。针管笔的型号一般分为 0.1~7.0，随着数值大小的变化，针管笔绘制出的线条粗细也不同。当然，不同品牌的针管笔的粗细也会略有不同，如图 1-14~图 1-16 所示。

图 1-12　红环钢笔

图 1-13　钢笔

图 1-14　针管笔

图 1-15　针管笔

图 1-16　针管笔

　　在绘图笔的准备上，一般把 2B 铅笔作为构思的工具，在草图纸上勾勒草图。签字笔选用价格适中、出水流畅的即可。初学者不建议使用美工笔，美工笔在绘制不同方向的线条时候需要跟着调整笔尖的方向，初学者不易掌握；也不建议使用针管笔进行徒手表现，针管笔与纸张成 90°时画出来的线最圆润饱满，但正常徒手表达时，笔与纸张的关系不是这种角度，发挥不了它的优势。实践证明，针管笔配合尺子能取得较好效果。

　　(4) 马克笔

　　马克笔对于一幅手绘效果图来说，是非常重要的着色工具。通过使用马克笔，可以表达出所绘制空间中物体的质感、颜色等特征。市面上的马克笔种类繁多，大致可以分为水性马克笔、油性马克笔和酒精性马克笔三大类别。

　　油性马克笔——具有较为强的渗透力，适合用于绘图纸、硫酸纸等较为平滑的纸质，在使用中颜色可以多次叠加，达到不同的色彩效果。其具有干笔快，耐水且颜色饱和度高的特征(图 1-17)。

　　水性马克笔——水性马克笔颜色较为淡雅，通常用于铜版纸、卡纸等质地较为紧密的纸质，笔痕可溶于水。若颜色多次叠加容易使色彩变灰且造成纸张破损(图 1-18)。

　　酒精性马克笔——笔头为方形，干笔快、上色效果好，性价比较高，比较适合于初学者使用。

图 1-17　油性马克笔

图 1-18　水性马克笔

1.3.3　其他辅助工具

尺规：丁字尺、三角板、平行尺、模板尺(图1-19~图1-22)。

一般来说，在线稿绘制过程中，有些朋友喜欢徒手表现的形式，但可能会出现较长的墙线不受控制的情况，达不到预期效果。而且平面图绘制对尺度要求较高，建议配合尺子完成。使用尺子的同时不能过度依赖尺子，否则绘制图纸的速度就会变慢，思维上也受到影响。建议多凭借眼睛判断所画线条的长短、方向、位置等，尺子的主要功能是把线画直，培养手脑并用的绘图习惯。

图1-19　丁字尺

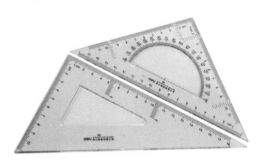

图1-20　三角板

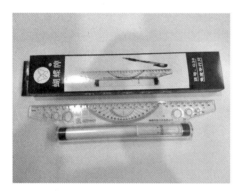

图1-21　平行尺

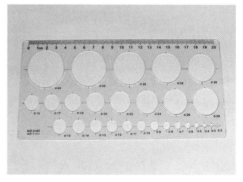

图1-22　模板尺

其他：橡皮工具、裁纸刀、胶带等(图1-23)。

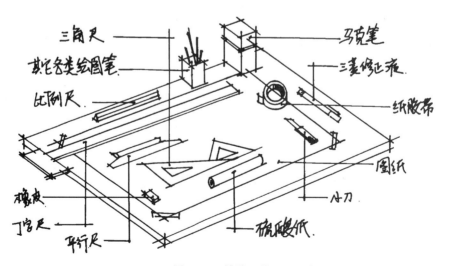

图1-23　辅助工具

橡皮作为手绘工具中主要的涂抹类工具，为了保证图面整洁、橡皮碎屑较少，建议购买质地较好的橡皮，如辉柏嘉、施德楼等品牌。除此之外，还应准备粘贴工具和裁纸工具，方便绘图时固定图纸、裁切纸张等。

1.4 心态准备

学习任何一种技能，无论是书法还是绘画，都需要大量的练习，反复训练直至最终达到熟练的目标。在学习手绘线稿绘制的过程中，遇到困惑或瓶颈都是常见的，这个时候需要停下来调整一下心态。同时分析、琢磨或请教这方面的老师，在长期接触积累的过程中，潜意识在很多时候就能解决很多未知的疑问。学习的过程中切忌心态浮躁、气馁。

第2章

基础篇

2.1　室内设计基础原理

2.1.1　室内设计相关概念

室内手绘线稿的学习是以室内设计相关基础知识为前提的，在学习具体的手绘操作之前，需要对室内设计有一个系统的了解。

室内设计又称"室内环境设计"，是根据建筑物的使用性质、所处的环境和相应标准，运用物质技术手段和建筑美学原理，创造功能合理、舒适优美、满足人们物质和精神生活需要的室内环境。室内设计是一门综合性学科，根据功能与美学原则对建筑内部空间进行具体设计，包括空间中不同的界面、空间结构的组织与完善、空间的色彩、材质与肌理等内容。

在进行室内设计过程中，需要注意以下相关问题：

① 室内设计直接关系到室内生活、工作、娱乐等活动的质量，关系到人们的安全、健康、效率、舒适等方面。室内环境的创造，应该把保障人的身心健康作为室内设计的首要前提。除了满足物质功能之外，还要满足人的精神功能需求，如审美、风格、环境氛围的营造等。

② 室内设计是环境设计中和人们关系最为密切的环节。室内设计的总体风格，往往能从一个侧面反映相应时期社会物质和精神生活的特征。不同时期的室内设计能够反映出使用者的喜好、需求和精神层次，且和这个阶段的哲学思想、美学观点、社会经济、民俗民风等密切相关。

③ 室内设计工程最终的效果和质量，与施工技术、用材质量、设施配置、经济等因素有关。

2.1.2　室内设计常见表现风格

室内空间根据空间性质的不同、使用者的具体需求不同，呈现出不同的风格与空间环境氛围。

（1）现代风格

现代风格起源于1919年成立的包豪斯学派。包豪斯学派提倡功能第一的原则，在建筑装饰上倡导简约。简约风格的特色是将设计的元素、色彩、照明、原材料简化到最少的程度，但对色彩、材料的质感要求很高，简约是尽量减少多余无用的装饰。室内的墙面、铺地、包括背景墙，所有出现的东西更多是为了特定功能而存在。

现代风格意味着简练、优雅的生活环境。现代风格既有实用性又很注重使用者的舒适感，并在保持功能的条件下，允许个性化的创造与表现，也可以增加一些适当的装饰。现代简约风格和其他风格相比，少了些繁杂、炫耀和华丽，更多的是简洁、实用(图2-1)。

图2-1　现代风格手绘线稿

（2）欧式风格

欧式风格是以欧洲古典建筑装饰结构部件为中心的风格，包括一些繁琐的石膏线条和精雕细琢的装饰造型图案，营造出奢华、浪漫的室内空间氛围，欧式风格按不同的地域文化可分为北欧、简欧和传统欧式。在形式上以浪漫主义为基础，装修材料常用大理石、多彩的织物、精美的地毯，精致的法国壁挂，整个风格豪华、富丽，充满强烈的动感效果。欧式风格家讲究手工精细的裁切雕刻、轮廓和有节奏感的曲线或曲面，且装饰上均为常见的镀金铜饰(图2-2)。

图2-2　欧式风格手绘线稿

（3）中式风格

中式风格可分为是纯中式和新中式。新中式风格与传统的中式风格不同之处在于室内布置、色调及家具陈设造型等方面，其吸取传统文化内涵为设计元素，革除传统中式家具笨重的弊端，废弃多余的雕刻，糅合现代家居的舒适感(图2-3)。

图2-3　中式风格手绘线稿

中式风格在造型上，以简单的直线条表现中式的质朴。在色彩上，采用柔和的中性色彩或者是跳跃度很大的纯色，给人自然脱俗的感觉。在材质上，运用壁纸仿古砖漆制木质家具等，将传统风韵与现代舒适完美地融合，简单干净。

中式风格在室内空间中常选用圈椅、屏风、月亮门等较具有代表性的家具。绿植也是中式风格中不可或缺的元素，常搭配绿萝、凤尾竹、滴水观音，树雕、盆景等。

（4）地中海风格

地中海周边国家的建筑及室内设计风格统称为地中海风格，其以柔和的色调搭配组合为主，多以蓝白色为色彩主基调。地中海风格的室内空间设计中拱门元素运用较多，房屋或家具的轮廓线条比较自然，形成圆润的造型，线条比较圆润。装饰上面多选用马赛克、小石子、贝类、玻璃片、玻璃珠等，来做点缀。混着贝壳、细沙的墙面、小鹅卵石地、拼贴马赛克、金属器皿，将蓝与白不同程度的对比与组合发挥到极致(图2-4)。

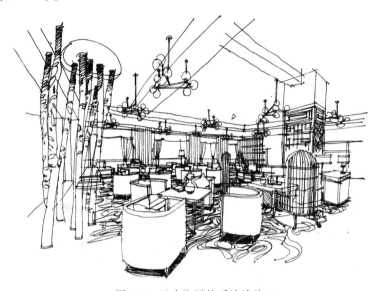

图2-4　地中海风格手绘线稿

（5）田园风格

田园风格是一种追求悠闲、舒畅、自然的田园生活情趣。田园风格之所以称为田园风格，是因为田园风格表现的主题以贴近自然，展现朴实生活的气息为主。田园风格最大的特点就是：朴实、亲切、实在。

田园室内空间的设计讲究层次，多用隔窗、屏风来分割，用实木做出结实的框架。天花以木条相交成方格形，其上覆木板，也可做简单的环形灯池吊顶，用实木做框，层次清晰。家具陈设多选用盆景，用精致的田园风工艺品加以点缀（图2-5）。

图2-5　田园风格手绘线稿

田园风格的基调一般以黄色或者白色为主，尽可能选用木、石、藤、竹、织物等天然材料装饰。软装饰上常用藤制品，有绿色盆栽、瓷器、陶器等摆设。也可以采用"哑口"或简约化的田园"博古架"来区分。

（6）日式风格

日式风格也称之为和式风格，主要是受到日本建筑的影响，其讲究空间的流动与分隔，是一种淡雅节制、深邃禅意的感觉。日式风格像田园风格一样，注重与大自然相融合，所用的装饰材料也多以自然界为原材料。日式风格通常采用大量的原木，保留原有材质的特色（图2-6）。

日式风格中大量使用榻榻米、樟子纸等材料作为表现形式来进行室内空间的装饰。室内空间中推拉门的造型常以中规中矩的方格和直线形式为主，采用樟子纸取代玻璃作为推拉门的主材，使得房间在实用的同时又充满别致感。

图2-6　日式风格手绘线稿

2.1.3　室内界面处理要点

对室内空间进行设计的目的是创造实用、美观的室内环境，我们需要弄清楚室内空间界面的基本组成要素——即由基面、垂直面、顶面的围合限定而成。确定室内空间的大小和形状，室内空间的地面和墙面便是衬托人和家具、陈设的背景，而顶面的差异就会使室内空间更富有变化。

（1）基面(楼地面)

基面通常指的是室内空间中的底面，也称之为楼地面。基面在人们的视域范围中十分重要，其广泛与人接触，视距又近，且处于动态的变化之中。基面是室内装饰的重要因素之一，在设计中要满足以下几个原则：

① 基面的设计要和整体环境协调一致。从空间的总体环境效果来看，基面要和顶面、墙面装饰相协调配合，同时要和室内家具、陈设等起到相互衬托的作用。

② 注意地面图案的分划、色彩和质地特征。在图案的选择上要根据不同的空间性质选择相对应的基面图案。例如会议室，采用内聚性的图案，以显示会议的重要性。在门厅、走道及常用的空间中，基面的设计可以是强调连续性和韵律感的图案，且具有一定的导向性和规律性；若强调图案的抽象性、自由多变，则常用于不规则或布局自由的空间。

③ 满足楼地面结构、施工及物理性能的需要。基面装饰时要注意楼地面的结构情况，在保证安全的前提下，给予构造、施工上的方便，不能只是片面追求图案效果，同时要考虑如防潮、防水、保温、

隔热等物理性能的需要。

基面的形式各种各样，材质种类较多，如：木质地面、块材地面、水磨石地面、塑胶地面、水泥地面等等，图案式样繁多，色彩丰富，设计时要同整个空间环境相一致，相辅相成，以达到良好的效果。

（2）垂直面（墙面）

垂直面又称为立面、侧面、侧界面或者墙面，指的是室内空间中的墙面（包括隔断）。在室内空间视觉范畴中，墙面和人的视线垂直，处于最为明显的地位，同时墙体是人们经常接触的部位，所以墙面的装饰对于室内设计具有十分重要的意义，其在设计中要满足以下设计原则：

① 进行垂直面设计时，要充分考虑与室内其他界面的统一，要使墙面和整个空间成为一个统一和谐的整体。

② 墙面在室内空间中面积较大，占主要地位，要求也较高，对于室内空间的隔声、保暖、防火等要求因其使用空间的性质不同而有所差异，例如酒店客房要求高一些，而一般单位食堂，要求低一些。

③ 在室内空间里，墙面的装饰效果对室内空间环境的营造起着非常重要的作用，墙面的形状、图案、质感和室内氛围有着密切的关系，为创造室内空间的艺术效果，墙面本身的艺术性不可忽视。

墙面的装饰形式大致有抹灰装饰、贴面装饰、涂刷装饰、卷材装饰。随着工业的发展，可用来装饰墙面的卷材越来越多，如：塑料墙纸、墙布、玻璃纤维布、人造革等。

（3）顶面

顶面即室内空间的顶界面，也称之为吊顶、顶棚、天棚或天花等。顶面是室内装饰的重要组成部分，也是室内空间装饰中最富有变化、引人注目的界面，其透视感较强，通过不同的处理方式，配以灯具造型能增强空间感染力，使顶面造型丰富多彩，新颖美观。

顶棚、墙面、基面共同组成室内空间，共同创造室内环境效果，在设计中要注意三者的协调统一，在统一的基础上各具自身的特色。顶面的装饰应满足实用美观的要求。一般来讲，室内空间效果应是下重上轻，应注意顶面局部装饰元素的选用，力求整体简洁完整，突出重点，同时造型要具有轻快感和艺术感。

顶面设计形式常见有平整式顶棚、凹凸式顶棚、悬吊式顶棚、井格式顶棚和玻璃顶棚等。顶面的设计应保证顶面结构的合理性和安全性，不能单纯追求造型而忽视安全。

2.1.4 室内设计图纸的手绘表达

（1）平面图

平面图是室内空间设计的重要组成部分，也是设计人员最先接触到的图纸。平面图相当于水平剖面图，反映出的是室内空间的平面形状和尺寸。

平面图主要表现以下内容：

① 建筑的墙、柱、门、窗和洞口的位置，门的开启方式；

② 隔断、屏风、帷幕等空间分隔物的位置和尺寸；

③ 台阶、坡道、楼梯、电梯的形式以及地坪标高的变化；

④ 卫生洁具和其他固定设施的位置和形式；

⑤ 家具、陈设的形式和位置。

平面图也是绘制立面图和效果图的基础，一般在做设计方案时，都会选择先从平面图入手，初步审视空间的关系，再进行布局设计。

（2）立面图

在室内空间设计中，立面图主要用来表示墙面、柱面的装修做法；表示门、窗以及窗帘的位置和形式；表示隔断、屏风等的外观和尺寸。同时要展现柱面上的灯具、挂画、壁画等装饰内容，室内设计方案中的水体、山石、绿化的一些植物都可以在立面图里面表现出来，还需绘制出吊顶的做法，包括灯具等。

（3）节点及大样图

一般也称为详图。在室内装修施工图中，有很多关于细部结构和材料的图示方法，一般我们把描绘物体内部构造、材料、尺寸以及工艺的大比例剖面或者截面图统称为节点及大样图。

（4）手绘效果图

手绘效果图是在完成平面图、立面图等方案的基础之上，正确运用透视相关原理，通过手绘的形式准确地表达出设计方案中的局部空间形态，包括空间中各要素之间的关系、尺寸大小等，更好地展示出设计方案内容。绘制效果图常用的透视为一点透视、两点透视和微角透视。

2.1.5　室内设计常用尺度

在具体进行手绘线稿绘制训练之前，除了了解室内设计概念知识，也应对室内设计常用尺度有一定的知识储备，在绘制的过程中对室内空间各个部分的尺度有一个正确的把握，这对线稿提高也有很大帮助（图2-7~图2-12）。

（1）客厅空间

单人沙发长800~900mm，宽800~900mm，坐垫离地350~420mm，靠背高700~900mm。双人沙发长1200~1500mm。三人沙发长1700~2000mm。

茶几高350~420mm（茶几尺度可根据沙发适当调整，确保茶几距离沙发380~420mm，以方便人进出。）

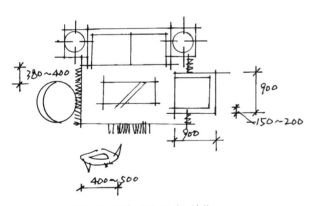

图2-7　组合沙发尺寸（单位：mm）

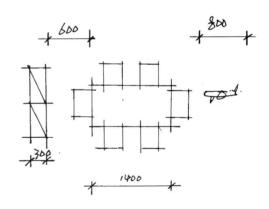

图2-8　餐厅家具尺寸（单位：mm）

（2）餐厅空间

方桌边长900mm、1200mm。

长桌宽800mm、900mm、1200mm。长1500mm、1650mm、1800mm、2100mm、2400mm。

圆桌直径900mm、1200mm、1350mm、1500mm、1800mm。

餐椅坐面高420~440mm，餐桌高700~780mm，具体尺寸也可根据实际情况进行细部调整。

（3）卧室空间

单人床宽900mm、1200mm，双人床宽1500mm、1800mm、2000mm。

床长2000mm、2300mm，圆床直径1860mm、2125mm、2424mm。其中床头柜与床褥面同高为宜。

衣柜深550mm、600mm、700mm。

柜门宽400~650mm，高2000~2200mm。

化妆台长1350mm，宽450mm。

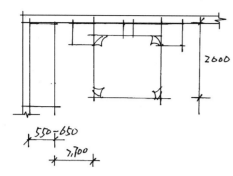

图 2-9 卧室家具尺寸（单位：mm）

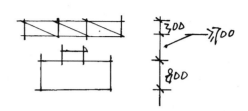

图 2-10 书房家具尺寸（单位：mm）

（4）办公空间

办公桌长 1200~1600mm，宽 500~650mm，高 700~800mm。

办公椅高 400~450mm，长×宽 450mm×450mm。

书柜高 1800mm，宽 1200~1500mm，深 450~500mm。

（5）厨房空间

操作台高 800~850mm，操作台距离吊柜地面 500~600mm。地柜深 550~600mm，吊柜深 350mm。

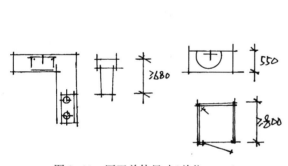

图 2-11 厨卫单体尺寸（单位：mm）

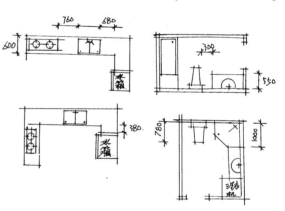

图 2-12 厨房常用布局方式（单位：mm）

（6）卫生间空间

洗面台宽 550~650mm，高 850mm。

淋浴间 900mm×900mm，高 2000~2200mm。

坐便器宽 380~480mm，深 680~780mm。距离浴缸 600mm，两侧少则预留 300mm。

浴缸 1220mm、1420mm、1680mm，宽 600~800mm。

（7）其他常用尺度

建筑外墙及承重墙 240mm。

柱 400mm。

室内隔断墙高 120mm、80mm、60mm。

普通层高 2800mm，复式层高可达 5400mm。

大门高 2000mm/2400mm，宽 900mm。室内卧室书房门高 2000mm，宽 800mm。厨房和厕所门高 2000mm，宽 700mm。门厚 40~60mm，门套 100mm。

阳台宽 1400~1600mm，长 3000~4000mm。

主通道宽 1200mm、1300mm；内部工作通道宽 600~800mm，走道宽 1600mm。

双边双人走道宽 2000mm，双边三人走道宽 2300mm，双边四人走道宽 3000mm。

楼梯间休息平台净空大于或等于2100mm。

楼梯跑道净空大于或等于2300mm。

2.2 室内线稿常见线条表达

在手绘线稿中，线条是整个室内空间的基础，不同形态的线条可以表现不同物体的基本造型与轮廓。熟练自如地运用好线条的绘制也是每一个设计师必须具备的技能，也是我们学习室内手绘线稿的基础。

2.2.1 常见线条类型及特点

（1）直线

① 干脆挺拔的线

绘制干脆挺拔的直线时，包含起笔、运笔和收笔，颇似毛笔横笔画的意味。其中起笔要强调，运笔需稍快，收笔则戛然而止。有明显停笔收线的动作是画线的一个基本习惯。这类线条一般控制在5cm左右，就可做到游刃有余，如图2-13所示。对于比较长的直线，在不能一气呵成的情况下，中间可以适当停顿，使线段断开，只要线的大致方向一致，同样有连贯的效果，切忌在接头处反复绘制。

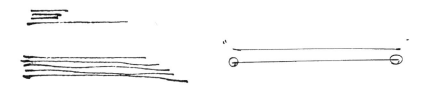

图2-13 直线

对于常见的室内家具和墙体的绘制，线条需要肯定有力，特别是物体的外轮廓需要棱角分明，在线稿表现时，线条要富有弹性，可以适当地画出头，使画面充满张力。

② 小曲大直的线

这类线条使用广泛，在徒手绘制平面图、立面图、吊顶图的时候必不可少（图2-14）。同样由起笔运笔收笔组成，其中运笔速度稍慢，要求稳而流畅，一气呵成。如果图面中徒手表达的这种较长线条特别多，优势就格外突出。这种线条非常放松，给人舒缓悠闲的感觉。缓线的作画方式也非常适合初学者表达，松弛的线条能使画面更有画味。

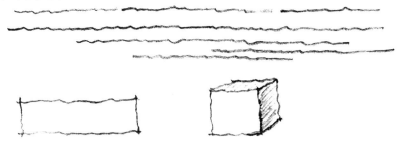

图2-14 抖线

（2）曲线

相比于直线，曲线具有一定的弧度，其灵活多变，具有轻柔流畅的特征，通常用来表达室内空间中异型、弯曲的单体或组合，例如沙发、洁具、灯具、吊顶的绘制等。把握好曲线的练习，更能够绘制出丰富生动的室内空间线稿（图2-15）。

图 2-15　曲线

（3）斜线

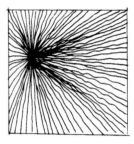

斜线使用较为广泛，能够丰富室内空间的层次，在处理空间关系、单体造型、材质肌理、纹理细节的表达方式上有着十分重要的作用（图2-16）。斜线通常以不同的倾斜角度来控制，室内手绘中常用的角度有 15°、30°、45°、60° 和 90° 等。

（4）折线

折线也是线稿绘制中常使用的线型（图 2-17），若选用长短不一的连笔折线，绘制的时候需要组织好线的走势、变换转折的方向、大小、位置以及控制折线的造型。

图 2-16　斜线

图 2-17　折线

2.2.2　线条训练要求

线条训练需要有目的性，训练的时候思维要清晰，清楚自己练线需要解决画线的哪些问题，同时关注自己的动作。一般来说，画线的过程中手腕摆动容易导致线条带有弧度。初学者可以结合上述内容再根据下面列举的要求有目的地训练线条的绘制。

① 各个方向的直线都能动作熟练，线条速度力度统一。

② 两条直线的相互平行、垂直、相等、延长关系可以轻松实现。

③ 线条的相交关系恰当，出头不超过 3mm。

④ 各类型线条都应轻松流畅、收放自如。

2.2.3　线条练习方式

手绘效果图中家具等物体的转折面和阴影部分，通过可运用线条的排列组成"面"，使室内空间效果得到较好表现，即使不上色，空间感和层次感也很丰富。当然，这需要扎实的素描基础及对线条的控制能力。

线条训练的方式有很多，在正确动作要领的基础上，建议使用手脑并用的方式训练。即边画边给自己设定一定要求，再将线条按形式美法则进行组织，有利于挖掘画线的兴趣和热情。当然，机械的线条训练也可以在一定程度上形成肌肉记忆，让自己的线条更熟练。

以下是一些练习方向，初学者可以平时闲暇时间随手练习，也可以集中时间反复训练。训练时忌讳盲目学造型而不关注画线动作和训练目的。

（1）交叉直线

交叉直线在线稿绘制中可营造丰富的空间层次。在对交叉直线进行绘制练习时，需要注意直线交叉的密度以及横线与竖线的转换（图2-18）。

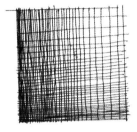

图2-18　交叉直线练习

（2）渐变直线

渐变直线通常运用于阴影部分，迅速表达物体的体积感。渐变线根据线条的疏密关系而绘制，下笔需快速扫笔且肯定（图2-19）。

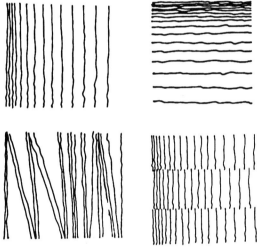

图2-19　渐变直线练习

（3）放射直线

放射线的练习主要是围绕中心点进行，可以选择角度练习，也可以规定一定数量的线条等分练习绘制。如图2-20所示，在练习过程中需要注意线条的角度与方向的走势。

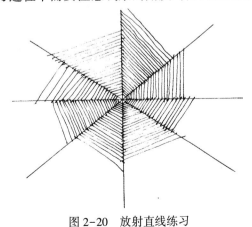

图2-20　放射直线练习

线条练习示意图见图2-21~图2-23。

图 2-21　线条练习图例一

图 2-22　线条练习图例二

2.2.4　表现物体的材质练习

　　室内设计手绘图绘制，会涉及空间中不同装饰材料、家具陈设材质的表达。通过对不同线型的运用，利用线条的粗细、曲直、虚实、组合排列等方式来表达材质的特点。手绘表达过程中常见的材质表达有木材、不锈钢、玻璃、石材和布艺等(图2-24)。

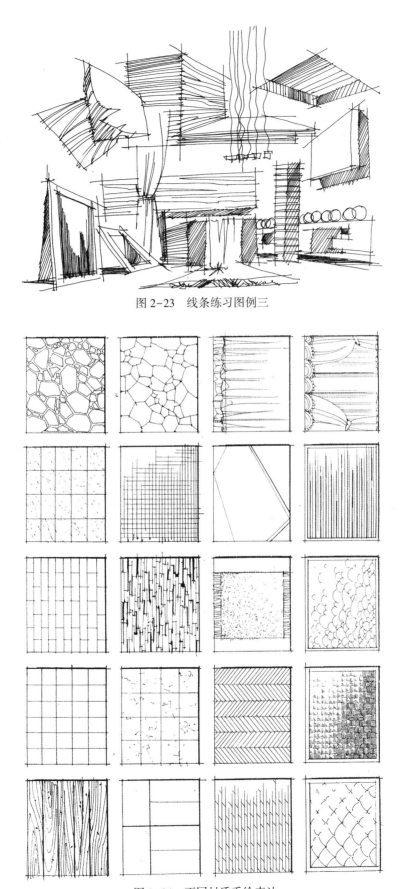

图 2-23　线条练习图例三

图 2-24　不同材质手绘表达

（1）木材

木材的质感主要通过固有色和表面的纹理特征进行表达，通过马克笔和彩色铅笔叠加后，才能达到最终的效果。任何天然木材的表面颜色及调子都是有变化的，因此用色不要过分一致，试着有所变化。

（2）不锈钢

不锈钢的质感形式有多种类型，常见的有亮面和拉丝面两种。不锈钢表面具有镜面反射的特点，可以用"点绘"或"线绘"的手法表现高光及投影，要以简练的色彩和有力的笔触、以强烈的对比和明暗的反差来表现不锈钢金属的特性，即暗部更暗，明部更亮，以便更好地体现不锈钢的光泽和质感。

（3）石材

石材的绘制种类繁多，因此对其纹理的掌握和表现是体现不同石材种类的关键。石材具有明显的高光，能够直接反射灯光与倒影，因此在表现时，先用针管笔或签字笔画一些不规则的纹理和倒影，表达其表面的真实纹理。

（4）玻璃

玻璃质感常受光照变化呈现出不同的特征，当室内采光弱时，玻璃就像镜面一样反射光线；当室内采光强时，玻璃表现为透明状态，并对周围产生一定的映照，所以在表现时要将透过玻璃看到的物体一同画出来，同时把反射面和透明面相结合，使画面更有活力。另外，外窗反射的一般是天空的景致，加上玻璃的固有颜色。

2.3 室内线稿空间透视关系

2.3.1 透 视

透视作为一种绘画理论术语，指在平面或曲面上描绘物体的空间关系的方法或技术。最初研究透视是采用一块透明的平面去看景物的方法。将所见景物准确描画在这块平面上，即生成该景物的透视图。后遂将在平面上根据一定原理，用线条来显示物体的空间位置、轮廓和投影的科学称为透视学。在室内手绘中，正确的透视可将立体三维空间表达于二维平面之上，使观看者对平面的作品产生视觉上的立体感。手绘效果图的表现目标是在完成平面、立面等方案的基础上，科学地运用透视原理，准确地表现出设计方案中的空间形态和各设计元素的空间关系，更好地体现设计内容。

在我们进行室内手绘线稿的绘制中，严谨的透视运用是快速手绘表现最基本的保证。空间中准确的透视关系和比例是我们完成一幅作品的基础，正确的透视图有助于表现真实的空间形象，表达出设计者的构思。对于学习手绘的初学者来说，除了掌握线条绘制的技巧，同时也需要牢固地把握透视基本原理，并且加以一定的时间巩固练习。只有具有过硬的基础透视能力和线条表现力，才能够轻松掌握画面、灵活表达设计思路。

对初学者来说，绘制手绘效果图时经常出现的毛病是不重视透视方法的学习和运用，在建立画面的时候过于随意；或者拘泥于透视原理的生硬理解，受透视规律和方法的束缚不能大胆地组织画面，从而影响最终的画面效果。

室内手绘中常用的透视为一点透视、两点透视以及微角透视。如图 2-25 所示，在了解透视理论之前，我们先学习一些简单的透视术语（以下透视术语仅满足效果图的使用需求）：

① 灭点（O）：透视线的终点，灭点即消失点。

② 中视线（CVR）：视点到画面的垂直连线，是视圆锥中轴线的中心视线。

③ 画面（P）：作画时假设竖在物体前面的透明平面，平行于画者的颜面，垂直于中视线。

④ 视平线（HL）：过视点所作的水平线，与人眼等高。

⑤ 视平面（HP）：视平线所在的水平面。

⑥ 视高（H）：视点到基面的垂直距离，相当人眼的高度。

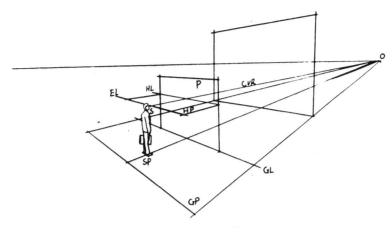

图 2-25　透视的基本表达

⑦ 视点(S)：视者眼睛的位置，又叫目点。
⑧ 基面(GP)：画面与基面的交界线。
⑨ 基线(GL)：画面与基面的交界线。
⑩ 站点(SP)：视点在基面上的垂直落点，又叫立点。

2.3.2　一点透视

"一点透视"也称之为"平行透视"，被观察的物象有一个面与画面平行，该平行面的轮廓线在画面中呈横平竖直，与画面垂直的面会形成透视关系，透视线集中消逝于一点即为视中心点。学习一点透视是学习室内设计手绘的基础知识。

（1）一点透视的透视规律

在一点透视中，只有一个灭点且其他透视线均射向灭点。构图良好的一点透视线稿画面整齐均衡、严肃庄重、一目了然、平衡发展、层次分明、场景深远。

我们以立方体为例，一个立方体，一般可以看见它的三个面，特殊角度只能看见两个面或一个面。当多个不同立方体位于同一空间中时，距离视平线越远则所看到的透视面越宽，反之越窄。距离视点越左或越右时，所看侧面面积越大，越靠近视点则面积越小。

（2）一点透视绘制步骤

① 视平线的确定

在图纸绘制一条视平线，并且在绘图过程中始终要根据视平线的位置来确定其他元素的高度和具体位置。视平线不仅仅作为一条线出现在画面中，在完成一幅效果图的过程中视平线始终在提供重要的支持。通过视平线的帮助，在手绘效果图的过程中，才能够很容易地找到透视关系中各个室内元素的具体位置，依据视平线的高度进一步确定各家具和空间造型的尺度大小与透视变化。

视平线的高度直接决定着整个图面的透视关系和构图效果，在人的基本视线高度（1.6m）的基础上，根据方案的设计内容和图面需要进行整体考虑，结合设计空间的高度和家具设计的尺寸特点进行调整，这样才能将视平线设置在合适的高度来完整地表达空间设计内容，而室内设计视平线高度（0.8~1.2m）通常

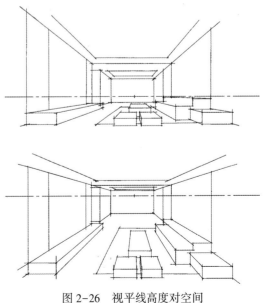

图 2-26　视平线高度对空间
透视的影响

低于人的正常视平线高度。

手绘室内设计效果图时，视平线的确定是非常重要的前期工作，不同的观察高度产生不同的透视画面，视平线的高度直接影响着空间透视关系的表达效果(图2-26)。

鸟瞰的视高通常会高于人的正常视平线高度，适合用于对室内空间的整体和全局把控。以这种观察方式来表达室内空间主要适用于表达较为复杂的组合空间，否则空间将会空旷。

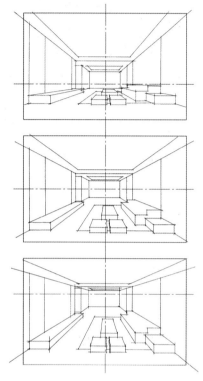

图2-27 透视中视平线的高度选择

在正常情况下的视线高度为1.5~1.6m，但是在绘制效果图时我们要主观地将视平线降低，一般设置在0.8~1.2m之间的画面效果最佳。虽然违背了我们正常站立状态的视线高度，但是0.8~1.2m的高度范围是人生活中坐着的视线高度，人的眼睛对这样高度的空间效果是十分熟悉的，我们按照1m的视平线高度所确定的画面效果并不脱离人的视觉习惯，且能够全面展示空间内容并保证画面效果(图2-27)。

视线高度为1m时，视平线稍高于家具的平面高度，要减少地面和家具平面的表达，增加顶面设计的表达空间，更好地表现较为复杂的墙面和吊顶设计。

视线高度为1.5m时，视平线位于室内空间的适中位置，地面和吊顶的表达和变化较小，空间中各立面和造型的表达基本一致。

视线高度为2m时，视平线远远高于室内空间中的物体，地面的表达面积将很大，家具之间的关系也清晰可见，且增加了表达的难度，但是吊顶的表达却很少。

总体来说，降低视线高度有以下原因：

a. 在正常情况下，室内空间设计方案的地面造型、高差及细节设计变化较少，而吊顶部分的造型、高差变化及相关的设计信息量要远远大于地面，透视中将视平线设置在低于空间的中线高度位置，能够让透视画面中的吊顶造型所占据的面积大于地面，这样便回避了对相对平整地面的描绘，有助于设计重点的表达。

b. 对于很多初学者来说，地面的表现要难于天花板。室内空间中所有的家具都摆放在地面上，地面的表达直接关系到家具表达的深入程度，降低视平线的高度能够减少画面中地面的大小，从而降低绘图的表现难度，也有助于初学者在绘制设计表现图的过程中扬长避短。

c. 将视平线降低，在透视图中人的视线对吊顶将更倾向于一种仰视状态，能够使空间在不失真的情况下显得更加挺拔，同时也能够避免图面产生头重脚轻的现象，更好地体现空间的设计。

在特殊情况或个别的设计方案中，视线高度可以定得更低些，例如有大量餐桌，餐椅的餐饮空间设计，一般将视平线直接定为餐椅椅背的高度或者仅仅比桌面略高即可，高度在0.8~0.9m，这样便可以省去以俯视角度画大量家具的麻烦，同时又更好地表现了空间中最复杂的墙面及吊顶的设计(图2-28)。

透视中的视平线高度直接影响画面中家具和各造型要素的水平面大小与透视效果，因此，在制图过程中应根据人的视线实际高度进行调节，同时要根据室内各家具的高度和大小进行调整，原则上视平线要略高于桌面等主要家具的水平面高度，这样在表现的时候能够让家具控制整体画面效果。

② 灭点的确定

一点透视中，用唯一的灭点控制着空间中所有物体的变化方向和透视角度，所以灭点的位置将直接影响空间各墙面大小和家具布置状况的呈现效果，是透视关系中的重要因素。灭点的位置确定不能生硬地照搬规律，要根据不同的设计方案内容和画面的效果灵活运用。

图2-28 餐厅的设计中视线高度偏低

首先要按照室内设计的平面布局和具体的设计内容确定灭点的位置，先确定效果图中所要表现的主体设计造型集中在哪面墙，那么在一点透视中的灭点就要离这面墙稍远些，使所要表达的墙面能够适当变大，为表现设计营造出更大的空间(图2-29)。

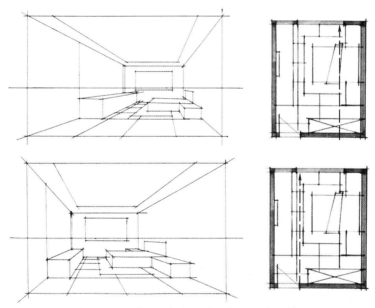

图2-29 灭点在一侧的一点透视空间表达效果

在右侧的观察点，强调左侧的空间界面，主要表达左侧电视背景墙。在左侧的观察点，强调右侧的空间界面，使床头背景墙的形态特征能够更加精细地描绘出来。

③ 透视网格的简便(逆推)确定方法

空间中所有的透视线都因透视关系的存在发生了方向和长度的变化。水平线的长度能够用直尺来测量，但是发生透视变化与灭点相连的透视线是不能通过直尺来测定长度的，为了便于理解在此引用一个"网格"作图方法，网格是确定单位长度的线在空间中所产生的透视变化规律的辅助线，通过网格能够帮助找到与灭点方向一致的透视线的变化规律以及长度尺寸。

此方法将有别且更优于找侧点 m 方法，如果侧点确定得不合适将会造成绘图过程中的很多困扰和问题，但在网格法作图中将会减少或避免该类现象的发生，简便易学，将大大缩减初学者对于找侧点 m 法的理解。网格也将直接影响着空间各元素的比例关系，同时网格的位置也间接影响着透视比例和物体大小关系。

④ 确定网格(逆推)的常规方法

先确定好构图框，即构图所占纸张面积的大小，把所要表达的地面范围和大小在构图图框的位置确定下来，然后在纸张高度的三分之一处确定地平线，再根据空间的位置和比例大小确定好内框，在内框处取三分之一通常为1m确定视平线高度，根据灭点的确定原则确定好灭点，平均分割内框处地平线得到平均分割点，通过平均分割点与灭点的连线确定好地面透视网格线(图 2-30)。

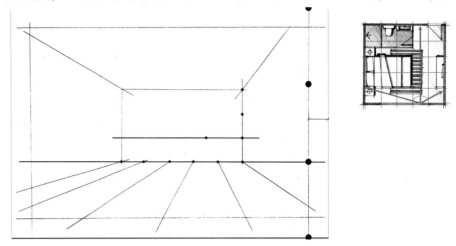

图 2-30　一点透视中构图框和内框的关系

构图框的范围、内框和视平线高度通过三分之一法则确定，在所要表达的空间地平线上，平均分割该线段得到均等的分割点，与灭点的连线确定好地面透视网格线。

因为矩形的对角线相等且互相平分该矩形，由此可从得到的透视网格图中选取任意矩形框作为横向网格的参考面，连接该矩形的对角线，在交点处画水平线段相交于墙角线。通过同样的方法画出其他水平网格。在得到的网格透视中分别确定地面各家具及空间设计内容的位置。这样确定的地面便不会产生无法控制的问题，规避了很多图面边缘的变形错误问题，能够保证基本的画面效果(图 2-31)。

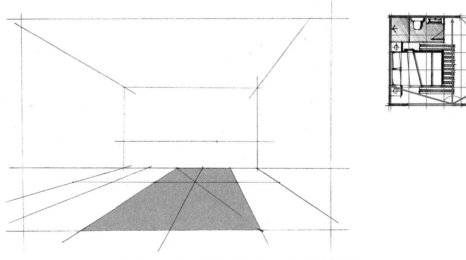

图 2-31　矩形对角线法则透视网格的确定方法

通过矩形的对角线相等且互相平分该矩形的原则，从得到的透视网格图中选取任意矩形框作为画出横向网格的参考面，依次画出水平网格。

矩形的对角线只画出了四个网格，第五格可采取画面中 2×2 或 3×3 等网格形成的等边四边形法往内框推出第五格。

一点透视的线稿构图首先要明确方案的设计概念，确定视线方向和所表达的设计核心内容，然后再根据透视原理进行绘图。

一点透视构图中要仔细分析各个要素，从方案设计的角度综合运用透视规律和绘图方法，选择合适的透视角度并协调画面中的各个因素。从整体来看，透视构图的每个绘图步骤都需要不断地选择、判断和思考，绘图是一个循序渐进、逐渐深入的过程(图 2-32~图 2-34)。

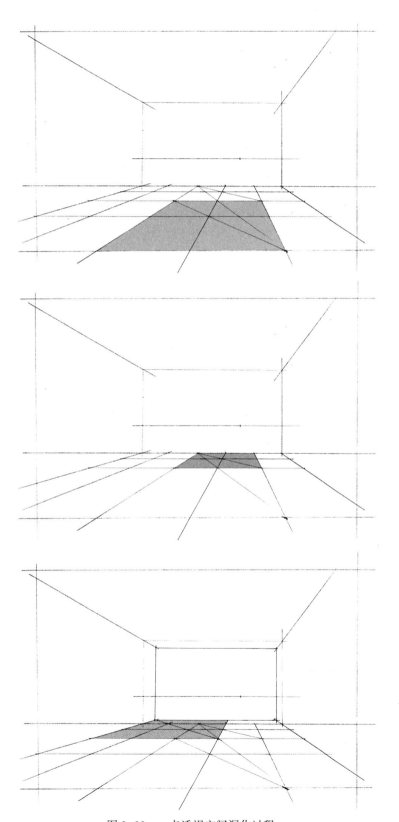

图 2-32 一点透视空间深化过程一

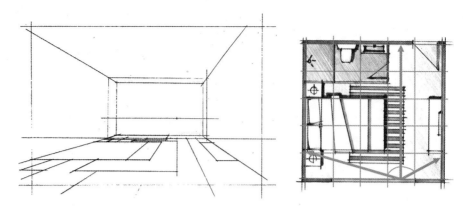

图 2-33 一点透视空间深化过程二

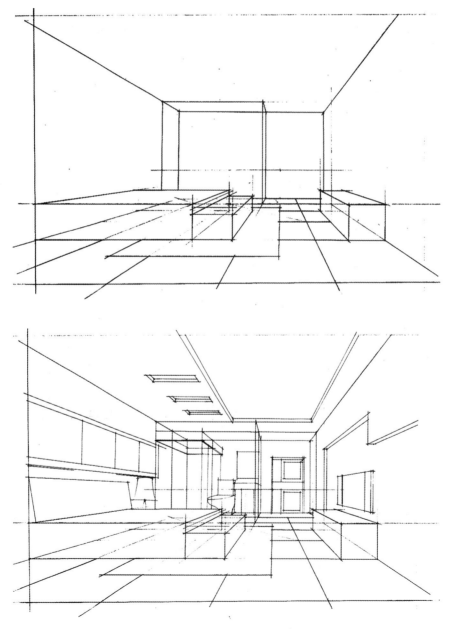

图 2-34 一点透视空间深化过程三

根据平面图的网格参考，把所有物体的平面图例严格按照网格参考画到透视网格中，注意各物体间比例关系。初学者应当注意越靠近内部构图框的物体发生透视变化后会越小。

在基本的空间透视中利用透视网格中各物体间的透视关系及形态特征完成空间内主体家具的大小和空间关系。

根据三面墙体的动态关系，完成空间内主体家具的大小、各立面的主体造型特点的表达，完成立面造型和材质特点的表达，勾画各造型和形态关系的厚度、高度以及各立面的转折关系，进一步丰富空间的内容。

透视构图中最重要的几个要素是：灭点、视平线和透视网格，在练习的过程中要认真分析它们和图面效果之间的关系，理解不同要素在位置和高度的变化中会对效果图产生怎样的影响。一点透视中，灭点的位置直接影响着画面中几面墙体的围合形态与大小关系，网格的位置决定着地面的大小和进深。要总结画面形成的规律和具体的调整方法，更好地理解透视原理，更灵活地运用在效果图表达中。

如何选择视角及视平线高度，关系着手绘表现图的表达方式和展现的具体信息量，同时又直接影响着画面效果；如何确定灭点和网格的位置，左右着整体的透视关系，同时又结合画面需要进行总体的调整。对于透视方法中各辅助点位置的确定和各项要素的调整直接影响着画面的组织方式和图面效果，也是后期建立画面的基础和前提。我们在绘图过程中不能死守规范，要根据图面效果随时调整和修改，灵活地运用这些规律和方法才能更好地表达设计。

2.3.3　两点透视

两点透视的特点：如果物象仅有铅垂轮廓线与画面平行，而另外两组水平的主向轮廓线，均与画面斜交。近高远低是两点透视明显的特点之一。

两点透视的透视规律：与画面斜交的两个面，在画面上形成了两个消逝点，这两个消逝点都在视平线上，这样形成的透视图称为两点透视，也称成角透视。室内两点透视的消逝点离真高线越远透视感越弱，绘制出来的空间越不充分。而消逝点离真高线越近透视感越强，甚至会失真。

两点透视的构图特点：构图良好的两点透视线稿具有活泼、生动的特点。与真实场景空间相比，具有很好的真实性，可以表达变化丰富、纵横交错的场景。

（1）视平线的确定

两点透视中视平线的确定规律与一点透视、一点斜透视基本一致，可参考前文所述一点透视、一点斜透视的部分内容。主要考虑视平线高度和空间设计中家具的比例关系，保证各造型在空间中所呈现出的平面大小适宜，透视关系要满足画面视觉效果的需要。

视平线高度影响画面中各要素的水平面大小，根据正常视线高度进行绘图的同时，要参考室内各家具的高度和大小进行调整。原则上要略高于桌面等主要家具的高度，这样能够让家具的平面大小比较适当，更好地控制画面的效果。绘图中要注意墙角线的位置和高度的确定，视线高度要随着空间的高度变化和空间中各元素的关系进行适当的调整（图2-35）。

① 视线高度为1m

人的正常的视线线高度是0.8~1.2m之间，在高度为3m的空间中，视线高度设定为1m时，产生的地面及家具

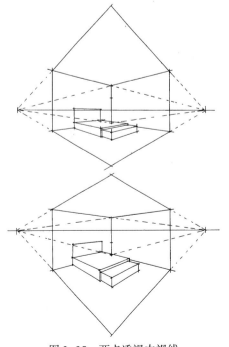

图2-35　两点透视中视线高度和空间关系

空间透视关系较为平缓，空间视觉效果较为舒适。

② 视线高度为 2m

在高度为 3m 的空间中，视线高度设定为 2m 时，地面产生的空间透视关系较变成拉伸变形，趋近于鸟瞰的视觉感受，由此可见这种视线的确定不利于整体方案的表达。

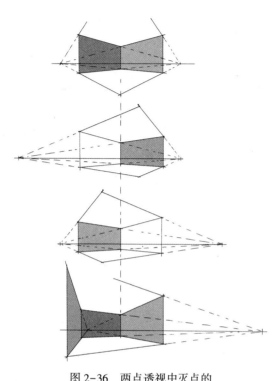

图 2-36　两点透视中灭点的
位置与空间效果

（2）灭点的确定

两点透视的灭点分别位于中心线的两侧，分别控制着室内空间中两个方向的透视线。在绘图中，尽量保证围合的墙面和各造型元素有远近的变化，不要让所控制的两面墙体大小相等，这样会使画面显得呆板。按照室内设计的平面布局和整体的设计内容确定灭点的位置，先确定出效果图中所要表现的主体设计造型主要集中在哪面墙，那么在两点透视中控制该墙面的灭点就要稍远些，使墙面能够适当变大，为表现设计营造出更大的空间（图 2-36）。

两个灭点对称所确定的两面墙体大小一致，构图均等但是两点透视中往往很少产生完全对称的构图，形体和空间的墙面相对于观察者的视线来说都有着不同的倾斜方向和距离。

左侧灭点距离中线较远，根据它所确定的右侧的墙体则变得更长一些。若想重点刻画右侧墙面，则需将左侧灭点设定得稍远些。

与上面一种情况一样，距离中心线较远的是右侧灭点，此时应当注意到地面大小关系也因此发生不同的变化。

若两点透视的其中一个灭点设定得很远，那么距离近灭点近的则具备了一点斜透视的特征，空间的围合墙体则会更全面地展现出来，出现了一点斜透视的视觉效果。

（3）透视网格的简便（逆推）确定方法

两点透视所表现的两个方向的空间墙体有不同角度的透视变化。两个透视灭点所控制的墙体和地面都需要通过网格进行控制和调整，所以两点透视中网格位置的确定变得非常重要。

网格的具体操作方法可以参考一点透视和一点斜透视的网格确定方法进行绘制，但是要注意的是：逆推得出网格的方法是一种根据画面效果进行确定的方法，在绘图中必然会产生一定的误差，需要主动调节。需要注意的是一点透视中只有一个灭点控制地面的透视变化，难度较低；而两点透视中有两个透视方向，矩形对角线法则需要确定两个透视方向上的矩形对角线中点来确定透视网格，而且随着透视网格的变化会加剧物体透视的误差和变形。制图中要时刻注意网格方向所控制的地面大小和空间效果之间的关系，在保证整体画面效果的前提下适当地进行调整和变化。

（4）确定网格（逆推）的常规方法

网格与倾斜外框的角度变化影响着整体的透视效果，网格角度决定着地面的大小和进深，所有网格控制着空间中两个方向的透视变化，两者都决定着整体画面的透视效果。

在实际操作中，先把一点透视内框和构图框在图纸上表达清楚，确定地面范围，综合考虑整体构图需要以及墙、地面和吊顶的关系，将所确定地面范围的倾斜线根据矩形对角线法则做出透视网格；再根据网格分别确定各个空间造型的位置关系。这样确定的地面能够基本满足视觉需要，不会出现严重的透视误差和无法控制的问题，规避了很多图面边缘的变形错误，能够保证基本的透视效果（图 2-37~图 2-39）。

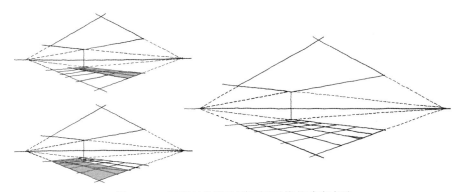

图 2-37　矩形对角线法则透视网格的确定方法

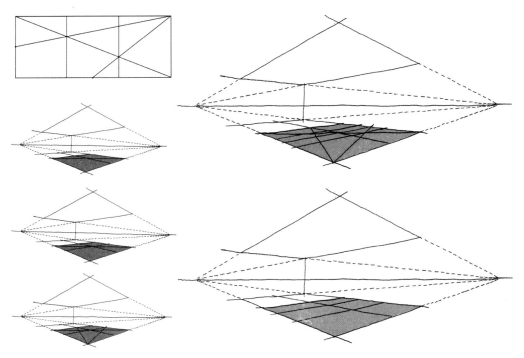

图 2-38　矩形三等分法则透视网格的确定方法

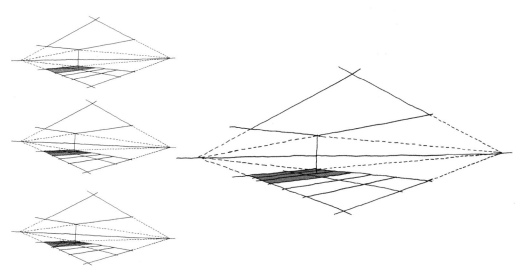

图 2-39　矩形六等分法则透视网格的确定方法

通过矩形的对角线相等且互相平分该矩形的原则，从得到的透视网格图中选取任意 2 个对角线作为画出中等平分网格的参考线，连接两点连线的交点得出中等平分网格线。

已知矩形的对角线相等且互相平分该矩形的原则，比较容易得出 4×4 的网格，要得出 6×6 的网格还需运用到矩形三等分法则。从得到的透视网格图中选取任意对角线作为画出三等分网格的参考线，根据两点透视原理连接两点连线得出三等分网格线。里面网格相对较小，透视和网格线都不容易把握，初学者较为容易出现误差，需要完全对透视原理的认知和把握才能熟能生巧地运用于画面当中。

最后可根据对角线相等且互相平分该矩形的原则，从得到的透视网格图中选取任意 2 个对角线作为画出中等平分网格的参考线，连接两点连线的交点得出中等平分网格线。

两点透视的线稿构图仍然要明确方案的设计概念，确定视线方向和所表达的设计核心内容，然后再根据透视原理进行绘图。

两点透视图中，各个要素在透视变化中产生很多的可能性，完成透视的难度更大，要仔细分析各个要素，从方案设计的角度综合运用透视规律和绘图方法，选择合适的透视角度并协调画面中的各个因素。从整体来看，透视构图的每个绘图步骤都需要不断地选择、判断和思考，绘图是一个循序渐进、逐渐深入的过程(图 2-40)。

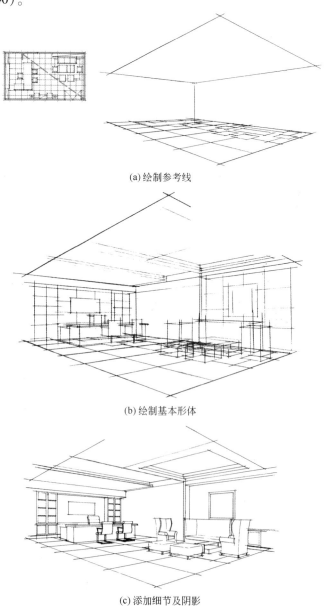

(a)绘制参考线

(b)绘制基本形体

(c)添加细节及阴影

(d) 线稿完成图

图 2-40　两点透视空间深化过程

　　根据平面图的网格参考，把所有物体的平面图例严格按照网格参考画到透视网格中，注意各物体间位置、透视及比例关系。初学者应当注意越靠近内部构图框的物体越小、细节越多、越容易发生透视错误。

　　在基本的空间透视中利用透视网格中各物体间的透视关系及形态特征完成空间内主体家具、各墙体和顶棚的大小和初步空间效果间的关系。

　　在初步空间效果中勾画出各造型和形体关系的厚度、高度以及各造型形体关系，进一步确定画面结构的空间效果，完成各物体间的主体造型特点及形态特征。

　　最后围绕主体表达的内容，整体调整画面关系，细致刻画视觉中心的家具造型、物体间的光影、结构转折和材质间的关系，进一步丰富画面的空间氛围。

　　两点透视构图中最重要的是理解地面、顶面倾斜角度和各墙面大小的关系，透视中网格的位置直接影响着画面中几面墙体的形态特征和整体画面效果。练习过程中要认真分析它们和画面效果之间的关系，理解不同要素在位置和高度的变化中会对整体效果图产生怎样的影响；在绘图过程中应当总结画面形成的规律和具体的调整方法，更好地理解透视原理，才能更灵活地运用在效果图当中。

2.3.4　微角透视

　　微角透视的特点：物象与画面有微小角度，形式上接近一点透视可以看见室内五个面，性质上属于两点透视的特殊角度。

　　微角透视的透视规律：微角透视的两个消逝点一般一个取在内墙三分之一处，另一个消逝点可在左边较远处亦可在右边较远处，通常在画面以外，越远透视感越弱，越近则透视感强容易失真。

　　微角透视的构图特点：构图良好的微角透视线稿兼具一点透视的强空间感和两点透视的生动自然。

　　（1）视平线的确定

　　微角透视中视平线的确定规律与一点透视基本一致，可参考前文所述一点透视的部分内容，主要考虑视平线高度和空间中家具比例关系，保证各造型在空间中所呈现出的平面大小，透视关系满足画面视觉效果的需要。

　　视平线的高度影响着画面中各要素的水平面大小，根据方案的设计内容和图面需要进行整体考虑，结合设计空间的高度和家具设计的尺寸特点进行调整，这样才能将视平线设置在合适的高度来完整地表达空间设计内容。原则上视平线要略高于桌面等主要家具的高度，这样能够让各家具的平面大小比较适宜，才能更好地控制画面效果。绘图中还要注意构图框的位置和倾斜变化，视平线要随着空间的高度变化和空间中各元素的关系进行适当调整（图 2-41）。

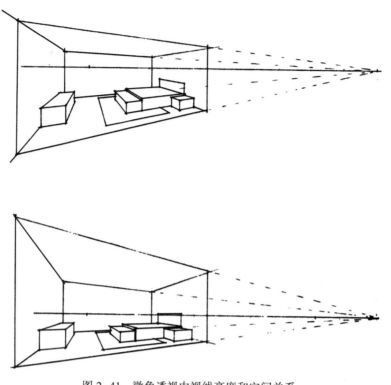

图 2-41　微角透视中视线高度和空间关系

在高度为 3m 的空间中，若画面中视平线高于正常视线高度，地面会发生明显的形变，顶棚所表达的面积过小，所产生的空间透视关系则会造成画面的不协调。

人的正常视线高度为 1m 时，在高度为 3m 的空间中，三面墙体和顶棚围合所产生的表达面积，最接近人的正常视角，所产生的空间透视关系最为舒适，也使绘制者能够更好地控制画面效果。

（2）灭点的确定

微角透视中，灭点的位置根据画面的比例关系确定，根据所表达的内容和空间需求决定绘图中角度和透视关系。

微角透视中，常用两个灭点来控制空间中所有物体的变化方向和透视角度，所以灭点的位置将直接影响空间各墙面大小和家具布置状况的呈现效果，是透视关系中的重要因素。灭点的位置确定不能生硬地照搬规律，要根据不同的设计方案内容和画面的效果灵活运用。

首先要按照室内设计的平面布局和具体的设计内容确定两个灭点的位置，先确定效果图中所要表现的主体设计造型主要集中在哪面墙，那么在微角透视中的倾斜角度就要倾斜于该墙体，使所要表达的墙面能够发生角度变化，为表现设计营造出不一样的空间（图 2-42）。在人的正常视线高度为 1m，高度为 3m 的空间中，画面构图外框线倾斜角度决定图面大小。倾斜角度越缓空间表达越清晰。

微角透视内框处灭点不要确定在画面中心，位于画面中心的灭点会使空间左右失去平衡。

由于灭点和视平线的关系空间变得不容易协调，往往图面的边缘很容易发生变形或者地面显得很险陡，处理不当会使整个空间显得过于变形。

（3）透视网格的简便（逆推）确定方法

微角透视所表现的两个方向的空间墙体都有不同角度的透视变化。两个透视灭点所控制的墙体和地面都需要通过网格进行控制和调整，网格位置的确定变得非常重要。

网格的具体操作方法可以参考一点透视的网格确定方法进行绘制，但是要注意的是：逆推得出网格的方法是一种根据画面效果进行确定的方法，在绘图中必然会产生一定的误差，需要主动调节。需

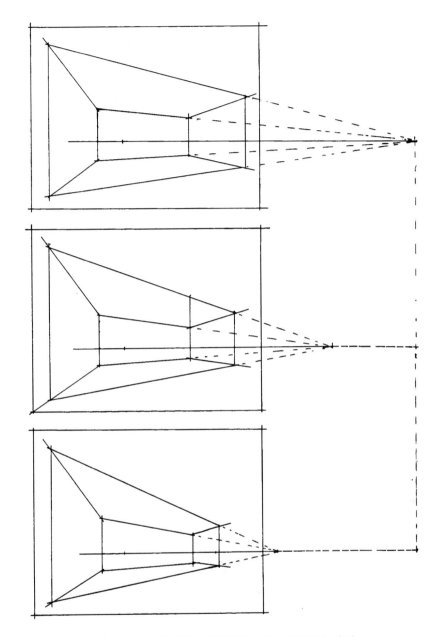

图 2-42　微角透视中图框倾斜角度形成的空间关系

　　要注意的是一点透视中只有一个灭点控制地面的透视变化，难度较低；而两点斜透视中有两个透视方向，矩形对角线法则需要确定两个透视方向上的矩形对角线中点来确定透视网格，而且随着透视网格的变化会加剧物体透视的误差和变形。制图中要时刻注意网格方向所控制的地面大小和空间效果之间的关系，在保证整体画面效果的前提下适当地进行调整和变化(图 2-43、图 2-44)。

　　网格与倾斜外框的角度变化影响着整体的透视效果，网格角度决定着地面的大小和进深，所有网格控制着空间中两个方向的透视变化，两者都决定着整体画面的透视效果。

　　构图框的范围、内框和视平线高度通过三分之一法则确定，在所要表达的空间地平线上，平均分割该线段得到均等的分割点，与内框灭点的连线确定好地面透视网格线。

　　倾斜外框的角度变化决定着整个图面的透视关系和构图效果，在人的基本视平线高度 1m 的基础上，根据方案的设计内容和图面需要进行整体考虑，结合设计空间的高度和透视原理将倾斜透视角度设置在合适的角度，完整地表达设计内容。

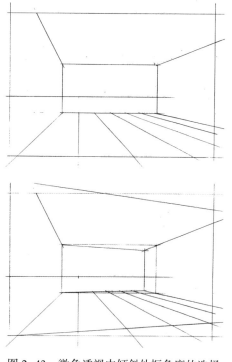 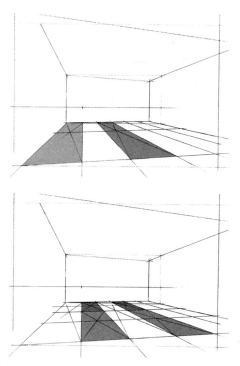

图 2-43　微角透视中倾斜外框角度的选择　　　图 2-44　矩形对角线法则透视网格的确定方法

（4）确定网格（逆推）的常规方法

在实际操作中先把一点透视内框和构图框在图纸上把所要表达的地面范围确定下来，要综合考虑整体构图需要以及墙、地面和吊顶的关系，将所确定地面范围的倾斜线根据矩形对角线法则做出透视网格；再根据网格分别确定各个空间造型的位置关系。这样确定的地面能够基本满足视觉需要，不会出现严重的透视误差和无法控制的问题，规避了很多图面边缘的变形错误，能够保证基本的透视效果（图 2-45）。

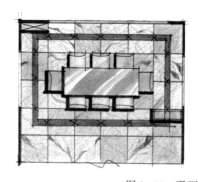 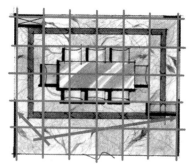

图 2-45　平面方案及网格图

通过矩形的对角线相等且互相平分该矩形的原则，从得到的透视网格图中选取任意 2 个矩形框作为画出横向网格的参考面，连接两个中点得出横向倾斜网格。

由于在画面中找不到另一个灭点，我们采取网格法逆推，需要利用左右两边的网格确定网格倾斜线的变化，因此我们画图中要注意网格的对应切记不可找错网格。

微角透视的线稿构图首先要明确方案的设计概念，确定视线方向和所表达的设计核心内容，然后再根据透视原理进行绘图。

微角透视图中，各个要素在透视变化中产生很多的可能性，完成透视的难度更大，要仔细分析各个要素，从方案设计的角度综合运用透视规律和绘图方法，选择合适的透视角度并协调画面中的各个因素。从整体来看，透视构图的每个绘图步骤都需要不断地选择、判断和思考，绘图也是一个循序渐进、逐渐深入的过程。

根据平面图的网格参考，把所有物体的平面图例严格按照网格参考画到透视网格中，注意各物体间位置、透视及比例关系。初学者应当注意越靠近内部构图框的物体越小、细节越多、越容易发生透视错误。

在基本的空间透视中利用透视网格中各物体间的透视关系及形态特征完成空间内主体家具、各墙体和顶棚的大小和初步空间效果间的关系(图2-46)。

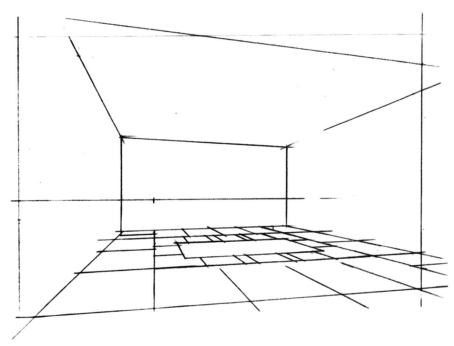

图2-46 空间家具定位

在初步空间效果间中勾画出各造型和形体关系的厚度、高度以及各造型和形体关系，进一步确定画面结构的空间效果间的关系，完成各物体间的主体造型特点及形态特征(图2-47)。

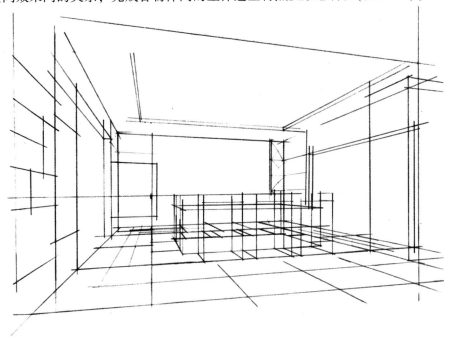

图2-47 家具成列及界面分割图

在基本的空间关系、各体块造型主体材质特点都完成之后，细致刻画视觉中心的家具造型的细节特点，并深入表达空间中的陈设和装饰细节，丰富画面的空间内容(图2-48)。

图2-48　基本空间确定

最后围绕主体表达的内容，整体调整画面关系，细致刻画视觉中心的家具造型、物体间的光影、结构转折和材质间的关系，进一步丰富画面的空间氛围(图2-49、图2-50)。

图2-49　细节材质深化

微角透视构图中最重要的是理解构图图框的倾斜角度和各墙面大小的关系，透视中网格的位置直接影响着画面中各面墙体的形态特征和整体画面效果。练习过程中要认真分析他们和画面效果之间的关系，理解不同要素在位置和高度的变化会对整体效果图产生怎样的影响；在绘图过程中应当总结画面形成的规律和具体的调整方法，更好地理解透视原理，才能更灵活地运用在效果图绘制当中。

图 2-50 整体光影与疏密关系拉开

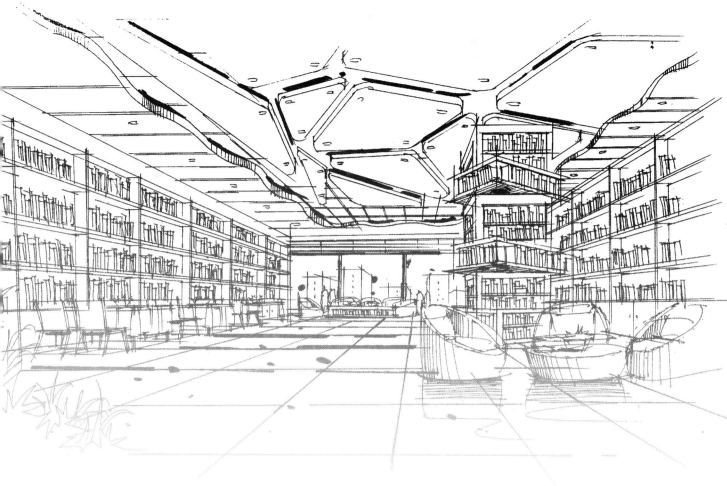

第3章

进阶篇

3.1 室内手绘线稿平、顶、立面图表达

3.1.1 平面图的表达

（1）表达要素

平面图是室内设计图的基础，在进行绘制练习时，需要注意以下几点表达要素（图3-1）：

① 应清晰反映内部功能空间的分隔。

② 要清晰标明重要尺度、标高等。

③ 需要明示家具陈设方式。

④ 需要在一定程度上反映铺装形式。

⑤ 可通过引线表达重点设计、材质、功能空间名称等其他内容。

⑥ 有必要的情况下交代内视、剖切等符号。

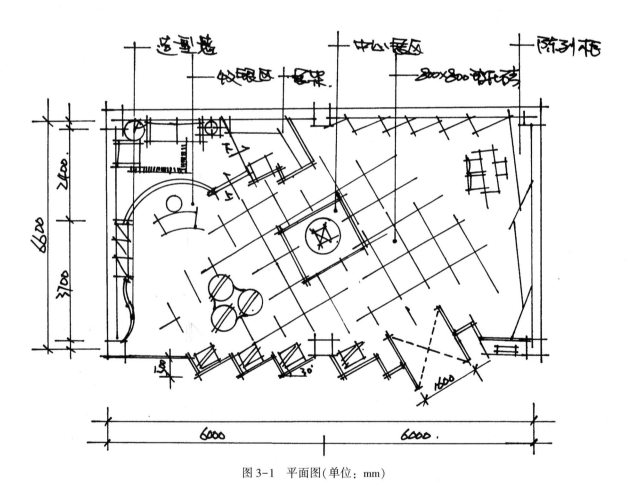

图3-1　平面图（单位：mm）

（2）表达步骤

平面图的绘制步骤：

① 按照规定比例画出原始建筑墙体、柱子、门窗。初步完成定位轴线和标注尺寸线，如图3-2所示。

② 画出隔墙、隔断、上抬空间或下沉空间。完成地面标高和轴线编号，如图3-3所示。

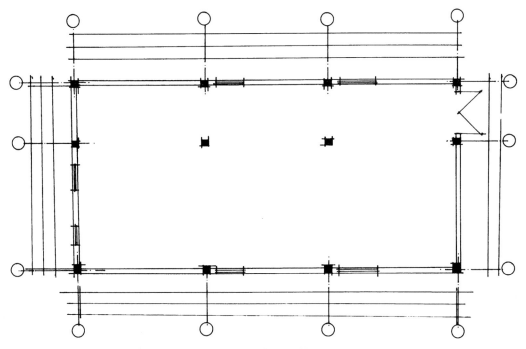

图 3-2 定位及尺寸标注

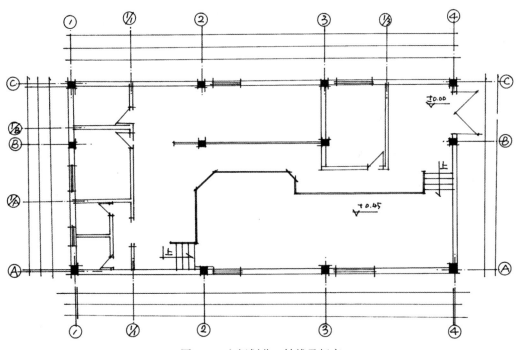

图 3-3 空间划分、轴线及标高

③ 标示主要背景墙设计；完成陈设品布置，如图3-4所示。

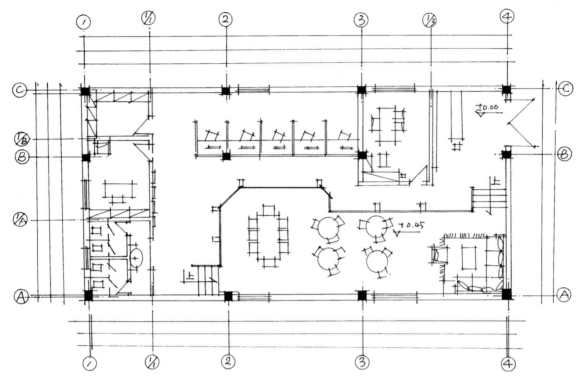

图 3-4　背景墙及陈设

④ 按照比例绘制铺装，如需文字概括铺装方式可提前写，如图3-5所示。

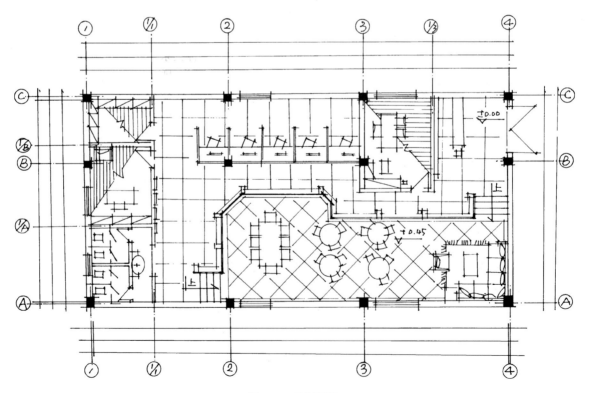

图 3-5　绘制铺装

⑤ 完成尺寸标注，如图 3-6 所示。

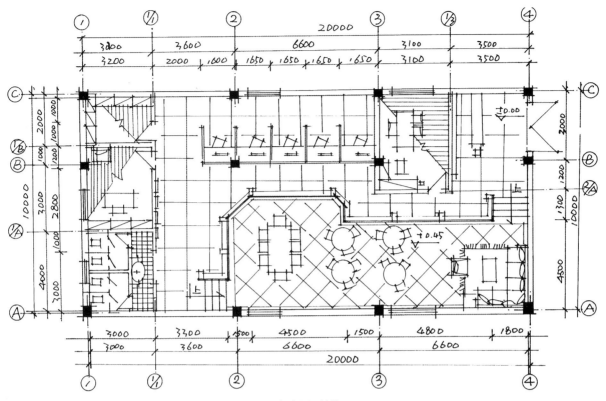

图 3-6　完成图(单位：mm)

（3）局部绘制练习

对于初学者而言，绘制平面图可先从局部空间开始练习。局部空间练习可熟悉室内平面图绘制中所包含的元素，巩固室内设计尺度知识，也能了解一些空间局部流线。

如图 3-7 所示，服装店局部平面可以从中学习收银区的空间围合关系、顾客选完衣服后从试衣到购买区域的交通流线；餐饮空间局部交代散座、卡座以及休闲区之间的排布方式(图 3-8)；办公空间局部平面可以反映总经理办公与经理秘书之间的工作关系(图 3-9)。

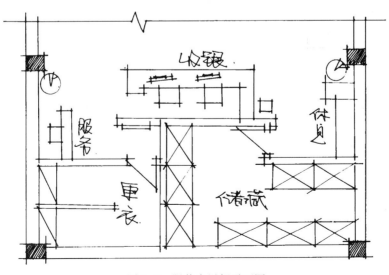

图 3-7　服装店局部平面图

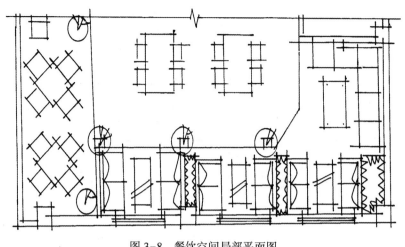

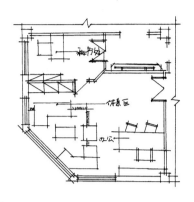

图 3-8　餐饮空间局部平面图　　　　图 3-9　办公室局部平面图

（4）平面图展示（图 3-10～图 3-13）

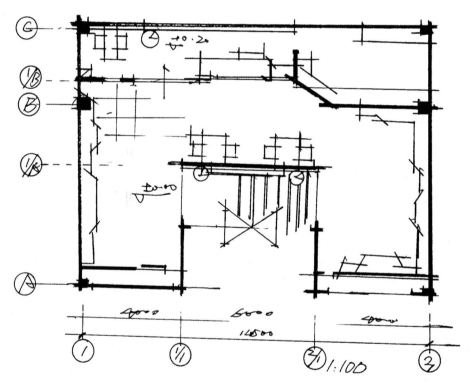

图 3-10　室内空间平面图

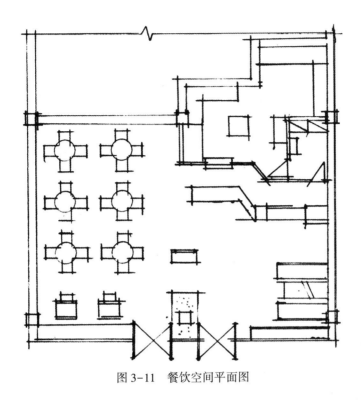

图 3-11　餐饮空间平面图

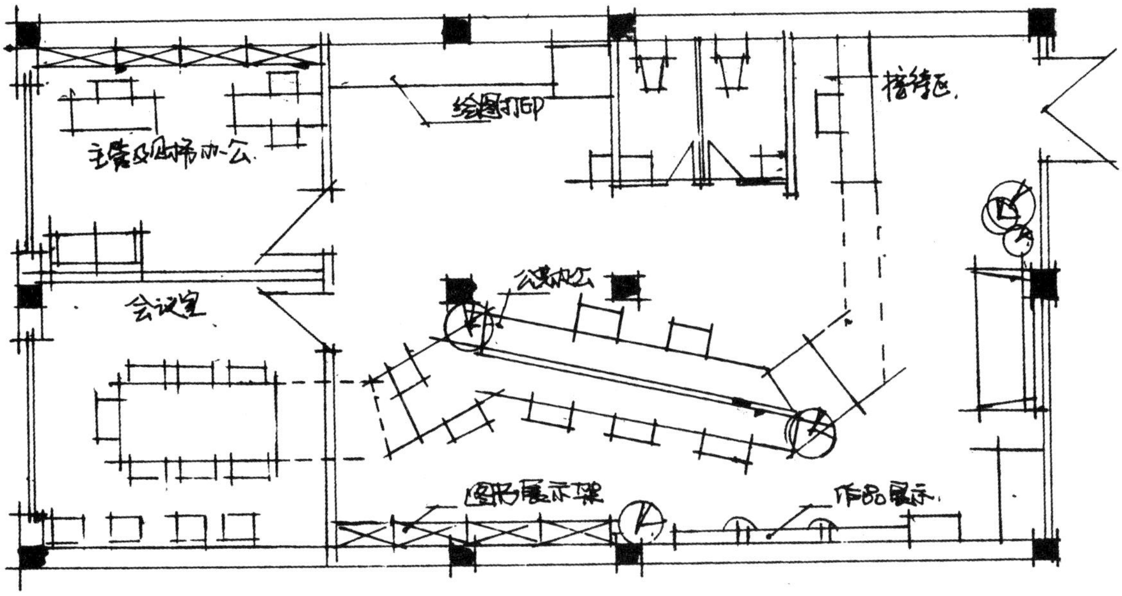

图 3-12　办公空间平面图

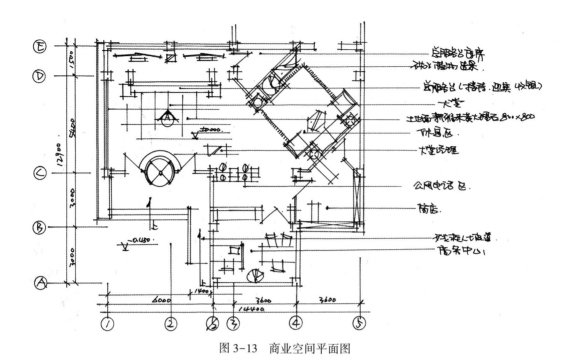

图 3-13　商业空间平面图

3.1.2　顶面图的表达

（1）表达要素

顶面图表现的是天花吊顶在地面的投影，在绘制中应注意以下几点表达要素（图 3-14）：

① 通过标高表达吊顶的高度。

② 表现吊顶层的灯具布局、种类，以及管线的布置安装，公装还有通风口、音响口、消防等。

③ 表达高柜、吊柜的面积与位置。

④ 表达吊顶材质、规格、名称。

⑤ 表达吊顶造型尺寸，灯具尺寸定位。

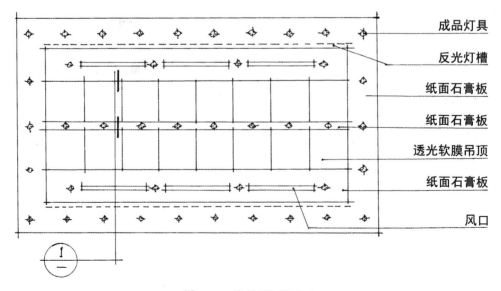

图 3-14　常见顶面图表达

（2）绘制步骤

① 按照规定比例画出建筑框架、内部墙体分隔及门窗位置，初步交待定位轴线和尺寸线，如图3-15所示。

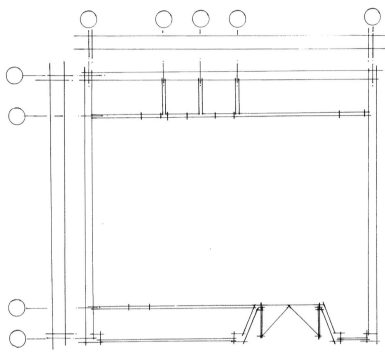

图 3-15　框架、定位的绘制

② 交待吊顶层的灯具设计，如图 3-16 所示。

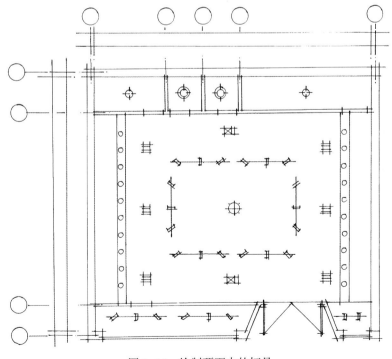

图 3-16　绘制顶面中的灯具

③ 画出顶部材质分区，并按材质尺寸填充吊顶材质，交待吊顶后的标高，如图 3-17 所示。

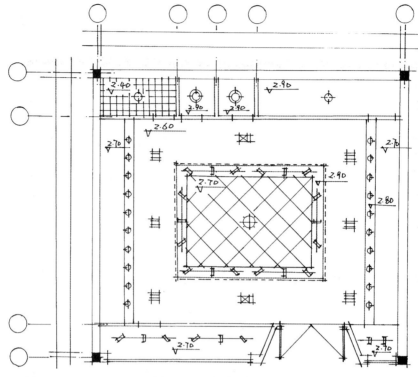

图 3-17　顶面材质绘制

④ 完成轴线编号、尺寸标注和材质标注，如图 3-18 所示。

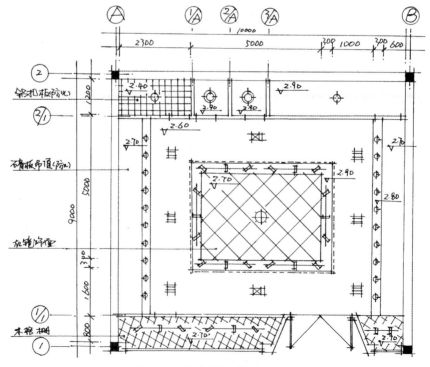

图 3-18　完成标注(单位：mm)

（3）顶面图展示

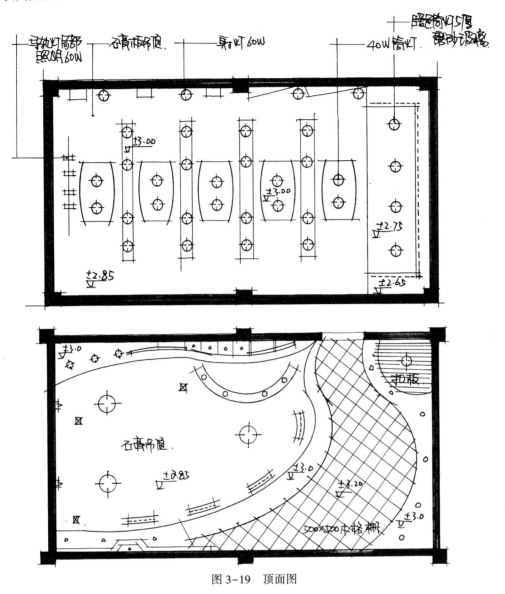

图 3-19　顶面图

3.1.4　立面图的表达

（1）表达要素

立面图用以表达墙面、隔断等空间中垂直界面的造型，在进行绘制练习时，需要注意以下几点表达要素（图 3-20）：

① 展示立面的高度和宽度。

② 表现立面上的装饰构件或造型的名称、材料、大小、形状、做法等。

③ 表达室内空间门窗的位置和高低。

④ 表达主要竖向尺寸和标高。

⑤ 表示需要放大的局部或剖面的符号。

⑥ 表达室内空间与悬挂物、公共艺术品等之间的相互关系。

⑦ 用文字表达图纸不能表达的部分。

⑧ 立面图包含文字说明、尺寸标注、索引符号、图名、比例等。

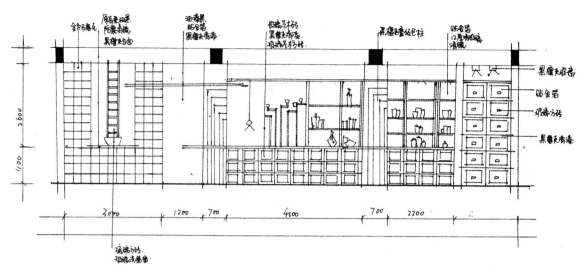

图 3-20 立面图(单位：mm)

（2）绘制步骤

为方便理解平面与立面的对应关系，此处立面绘制交待了对应的原始平面，若遇快题表现设计，则通过内视符号表达就可不用交待对应的平面。

① 如图 3-21 所示，按照规定比例画出所绘制立面的边界和吊顶层，初步交待需要表达的尺寸线，并预留材质标注的位置。

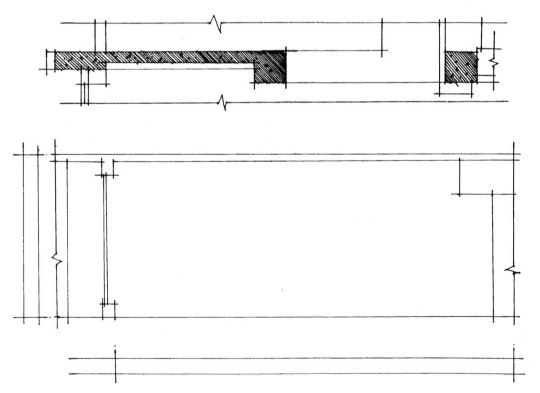

图 3-21 绘制墙体及标尺

② 如图 3-22 所示，在不影响立面设计的前提下交待可见的灯具和其他靠墙陈设品，画出立面材质分区。

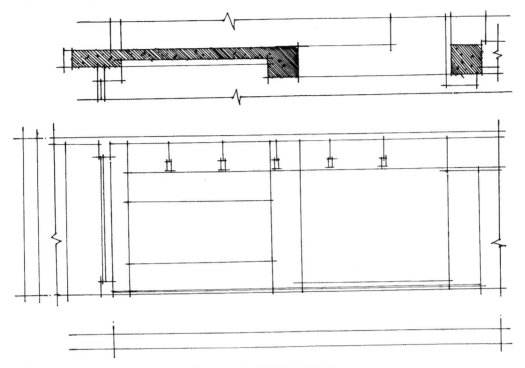

图 3-22 绘制灯具及陈设品

③ 如图 3-23 所示，按照比例画出立面造型，注意疏密关系。

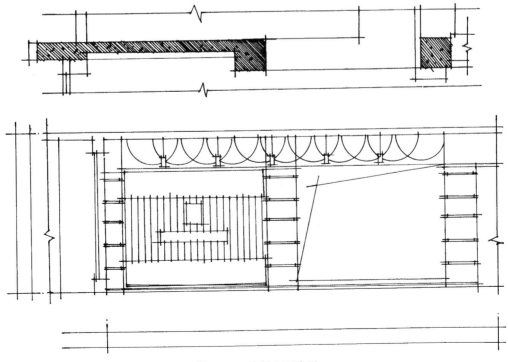

图 3-23 绘制立面造型

④ 如图 3-24 所示，完成尺寸和材质施工标注。

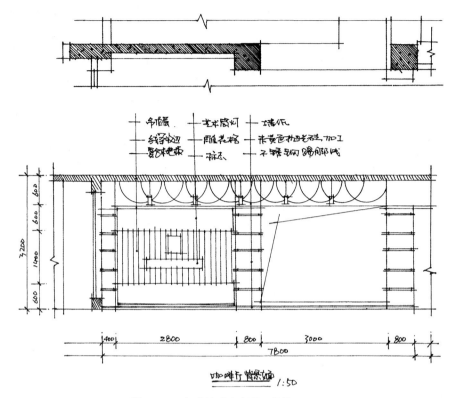

图 3-24 完成尺寸和标注(单位：mm)

（3）立面图展示(图 3-25 ~ 图 3-27)

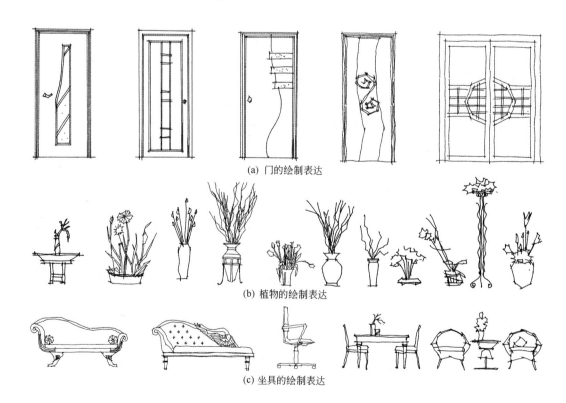

(a) 门的绘制表达

(b) 植物的绘制表达

(c) 坐具的绘制表达

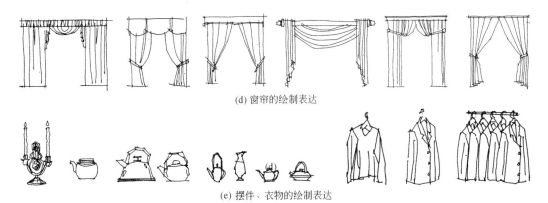

(d) 窗帘的绘制表达

(e) 摆件、衣物的绘制表达

图 3-25 单体立面家具绘制表达

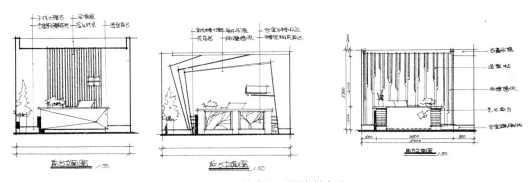

图 3-26 前台立面图绘制表达

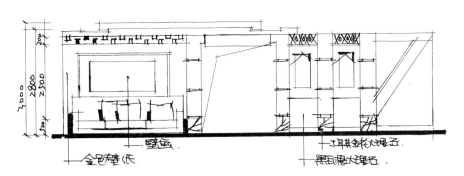

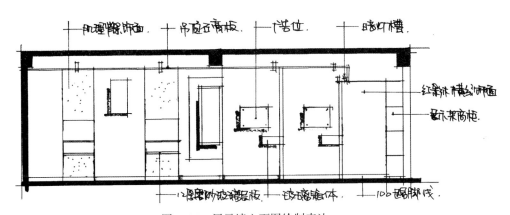

图 3-27 展示墙立面图绘制表达

3.2　室内手绘线稿单体训练

室内单体是手绘表现的基础，熟练地绘制单体，有助于分析理解组合家具的空间关系。对于不同的单体，根据本身的复杂程度，其表达程度也各有差异。单体训练可以使初学者从明暗关系、结构、材质等方面得到多方面提高。

3.2.1　单体家具

家具是由材料、结构、外观形式和功能四种因素组成，其中功能是先导，是推动家具发展的动力；结构是主干，是实现功能的基础。这四种因素互相联系，又互相制约。

根据家具与人、物之间的关系，可以将家具划分成坐卧类、凭倚类和贮存类家具。从体型来划分可以分为单体家具和组合家具等。从使用材料来划分，可以分为木、金属、塑料、竹藤、玻璃等不同材料的家具。由于使用者与家具的外在结构直接接触，因此在尺度、比例和形状上都必须与使用者相适应，这就是所谓的人体工程学，例如座面的高度、深度、后背倾角恰当的椅子可解除人的疲劳感；而贮存类家具在方便使用者存取物品的前提下，要与所存放物品的尺度相适应等。

初学者在学习手绘线稿时，绘制单体先从简单的家具开始练习，可以先忽略单体的材质肌理，以抓准单体的结构和光影关系为主，熟练后逐步注意布艺、编织、原木等材质进行刻画。

（1）坐卧类家具

坐卧类家具与人体直接接触，起着支承人体的行为活动的作用，如椅、凳、沙发、床榻等。坐卧类家具主要是两大类型，一个是工作用家具，一类是休闲用家具。

所谓工作用家具指的是能够适应人类日常工作的家具，比较典型的是办公空间所用的桌椅，这种工作类家具的中心任务是提高人们的工作效率，同时还要能够减缓人的疲劳，且具有一定的经济性。

对于休闲用家具而言，它的主要目的在于放松人体，消除疲劳，享受生活。常见的休闲类坐具如沙发、安乐倚、躺椅等。如图3-28所示，在绘制坐卧类家具时，可以将家具的各个部分看做由简单的基本几何形体组合而成，在脑海中构建基础的几何框架。具体刻画时，注意家具每个几何面的透视关系。坐卧类家具绘制表达。

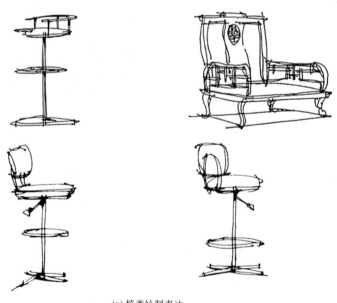

(a) 椅类绘制表达

(b) 沙发类绘制表达

图 3-28 坐卧类家具绘制表达

进行单体家具绘制前（图 3-29），应先在心中对物象有一定感知，从单体的一个面开始着手，

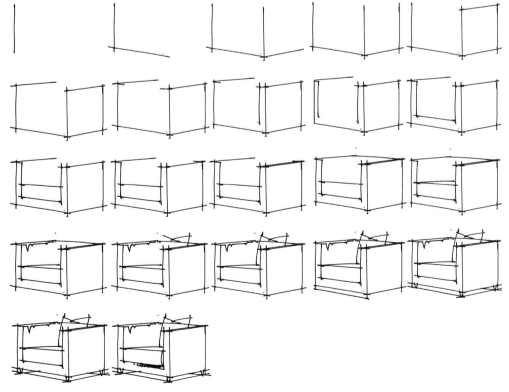

图 3-29 单体家具绘制表达步骤

同时兼顾另一个侧面，完成顶面中可以看得见的线，细化每个面中结构，补充单体在地面上的正投影区域。

（2）凭倚类家具

凭倚类家具与人体活动有着密切关系，起着辅助人体活动、承托物体的作用，例如书桌、吧台、茶几、案、柜台等。这类家具的基本功能是使用者在坐、立状态下进行各种活动时，为其提供相应的辅助条件，并兼作放置或贮存物品所用。

在绘制单体的柜台或书桌等凭倚类家具时，要有几何观念，首先确定好家具的长宽高，绘制出几何结构。然后用流利顺畅的线条描绘出家具的细节，以及装饰配件(图 3-30)。

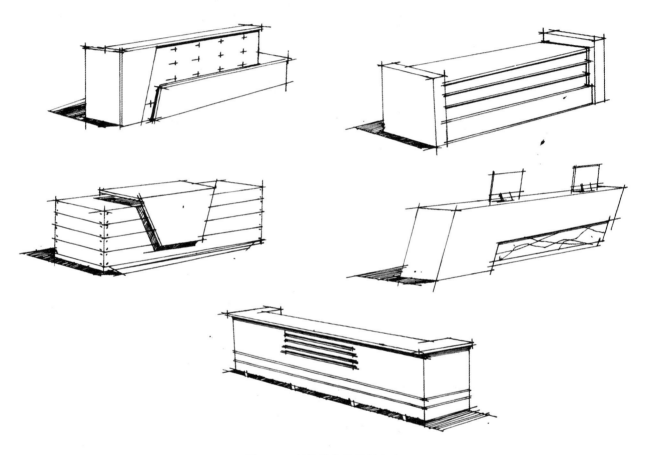

图 3-30　凭倚类家具绘制表达

（3）贮存类家具

贮存类家具是收藏、整理日常生活中的器物、衣物、消费品、书籍等的家具。根据存放物品的不同，可分为柜类和架类两种不同贮存方式：

柜类——大衣柜、小衣柜、壁柜、被褥柜、书柜、床头柜、陈列柜、酒柜等。

架类——书架、食品架、陈列架、衣帽架等。

在绘制贮存类单体家具时，根据结构比例刻画出家具轮廓，利用不同类型的线条和排列方式表达家具的材质特点。

贮存类家具练习如图 3-31、图 3-32 所示。

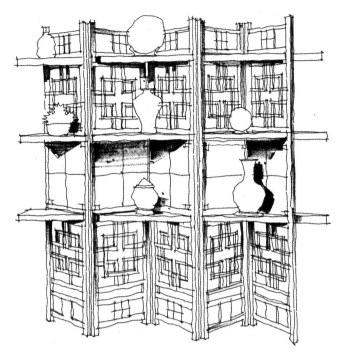

图 3-31 屏风式架类绘制表达

图 3-32 带造型架类绘制表达

3.2.2　灯　具

　　灯具主要作为室内照明工具，其光照与造型同时对室内装饰起到了重要的点缀作用，灯具的种类繁多，常用的灯饰有灯带、吊灯、吸项灯、地灯、台灯、壁灯等。就室内空间使用的功能而言，常用的灯具有两类：白炽灯和荧光灯。白炽灯光色偏暖，尺寸较小适合作点光源，用它照明室内空间层次丰富，立体感强。荧光灯是产生漫放射光线的线性光源，适合使平的面光源。

　　在绘制灯具的时候，注意灯罩的透视，可添加灯具中的细节如纹理、材质的表达，对灯具的细部进行细节刻画，绘制明暗关系，增加造型体积感，不同造型的灯具绘制表达如图3-33所示。

图3-33　不同造型灯具的绘制表达

3.2.3　洁　具

　　卫生洁具包括：坐便器、面盆、浴缸、洗涤槽、配套卫生洁具等。洁具主要由陶瓷、玻璃钢、塑料、人造大理石(玛瑙)、不锈钢等材质制成。其中卫生间的面盆有壁挂式、立柱式和台式。在洁具的绘制中，注意要绘制出其质感，各类洁具绘制表达如图3-34所示。

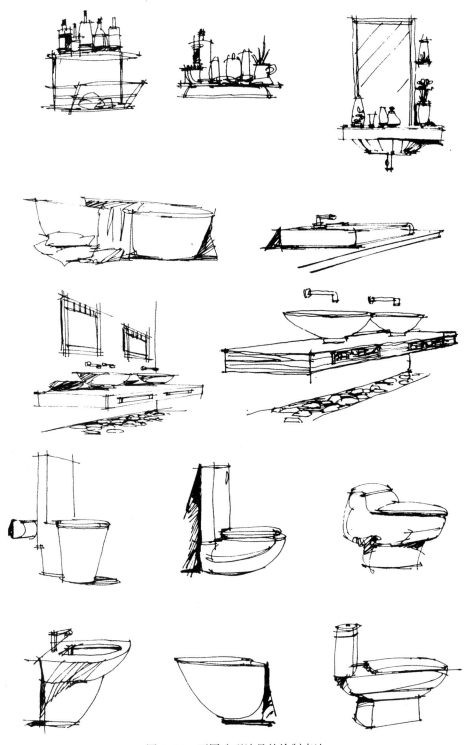

图3-34　不同造型洁具的绘制表达

3.2.4 植 物

　　室内植物布局放置主要是创造优美的视觉形象，也可通过人们嗅觉、听觉及触觉等生理及心理反应，使人们感受到空间的完美。在进行室内植物景观设计的时候应结合具体情况，不拘一格，根据不同功能的室内空间，做到既和谐统一，又能体现艺术效果。

　　植物表达时，注重各类植物生长规律。表达出植物的前后遮挡关系，思考线条组织的疏密关系，注意植物线条绘制的流畅性，各类植物的绘制表达如图 3-35 所示。

图 3-35　植物绘制表达

3.2.5　配饰与其他

　　室内陈设是室内设计的重要组成部分，陈设品的造型、色彩、位置等按照功能需求与审美法则，可进行合理布置与规划，通过布局充分体现其空间的艺术品位和文化内涵。合理地选择陈设品对于室内风格的定位起着决定性的作用，许多陈设品本身的造型、色彩、图案都具备了一定的风格特征。通过陈设配饰艺术可以打造不同的空间艺术风格，如古典风格、现代风格、中式风格、欧式风格、地中海风格、田园风格等。

① 布艺配饰织物及软包以它们不可代替的丰富色泽和柔软质感，在室内装饰中独树一帜、举足轻重，装饰织物的组合，由室内功能即使用性、舒适性、艺术性所决定。软包绘制时优先分析软包排列形式，利用相互关系找出各自对应位置，考虑视点对软包表达的影响再绘制出来。

② 室内陈设可分为墙面陈设、桌面摆设、落地陈设、悬挂陈设和橱柜陈设等类别。装饰性陈设品主要作用是点缀，美化空间环境，陶冶人们的情操，其主要包括绘画、书法、壁饰、工艺品、雕塑、大餐瓶及陶艺等。平时多去关注这方面的素材，在表现的时候才能随心所欲、举一反三（图3-36、图3-37）。

墙面陈设——一般以平面艺术为主，如书、画、摄影、浅浮雕等，或小型的立体饰物，墙面陈设通常可以配以灯光照明。

桌面摆设——包含不同类型，如办公桌、餐桌、茶几、会议桌以及略低于桌高的靠墙储藏柜和组合柜等。桌面摆设一般均选择精致、宜于观欣赏的材质制品，选用和桌面协调的形状、色彩和质地，常起到画龙点睛的作用。

落地陈设——包含大型的装饰品，如雕塑、瓷瓶、绿化等，常落地布置，布置在大厅中央的陈设常成为视觉的中心，最为引人注目，也可放置在厅室的墙边或出入口旁、走道尽端等位置，作为重点装饰，或起到视觉上的引导作用和对景作用。大型落地陈设不应妨碍工作和交通动线的通畅。

悬挂陈设——高大宽敞的室内空间常采用悬挂各种装饰品的方式来弥补空间空旷的缺点。织物、抽象金属雕塑、电器类等装饰物的绘制和表达，能提升丰富的空间层次，在绘制此类装饰物的时候，可以重点强调装饰物投在墙体上的阴影表达，电器类装饰物的绘制重点可将形体外轮廓刻画生动，注意结构衔接关系。

（a）桌面摆设品绘制表达

（b）落地陈设品绘制表达

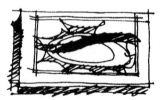

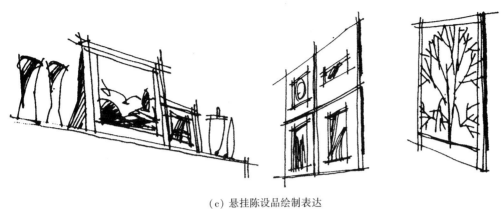

（c）悬挂陈设品绘制表达

图 3-36 配饰绘制表达

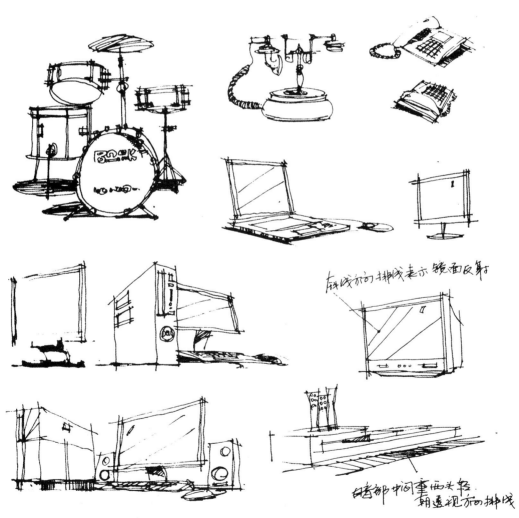

图 3-37 室内物品绘制表达

3.3 室内手绘线稿组合训练

3.3.1 组合家具的表达

组合家具的表达是单体表达的延伸，此类训练有利于把握场景的整体位置关系，是线稿训练的必经之路。徒手组合家具的表达需要预先对绘制对象有一定了解，先从近处着手，前方的单体基本框架绘制完成时就应当着手确定后方单体的相互关系。当进行后方单体绘制时，最先考虑的应该是后方单体的正投影线。建议整体位置关系把控好了再进行深入刻画。

（1）组合家具表达步骤示例

① 先用铅笔确定所有单体的正投影，画出大体的相互位置关系，全程注意单体尺度，如图3-38（a）所示。

② 判断单体高度，用铅笔完成所有单体基本轮廓，如图3-38（b）所示。

③ 用墨线完成近处单体结构，如图3-38（c）所示。

④ 完成所有单体可见部分，如图3-38（d）所示。

⑤ 完成单体材质特征与光影关系，如图3-38（e）所示。

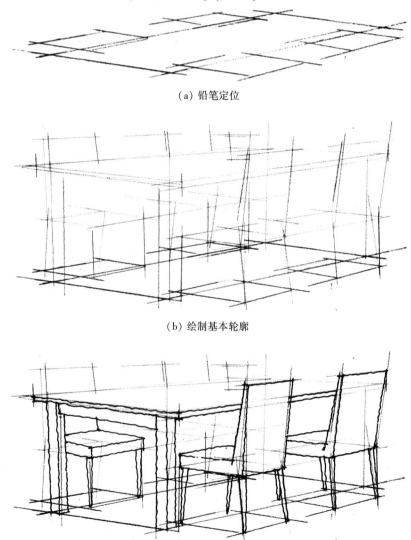

（a）铅笔定位

（b）绘制基本轮廓

（c）墨线绘制结构

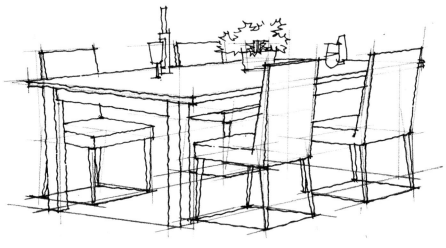

（d）完成家具绘制

（e）完成光影绘制

图3-38　组合家具绘制表达步骤

（2）组合家具绘制案例（图3-39）

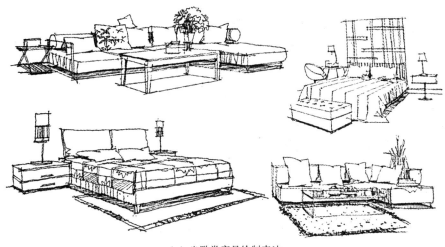

（a）坐卧类家具绘制表达

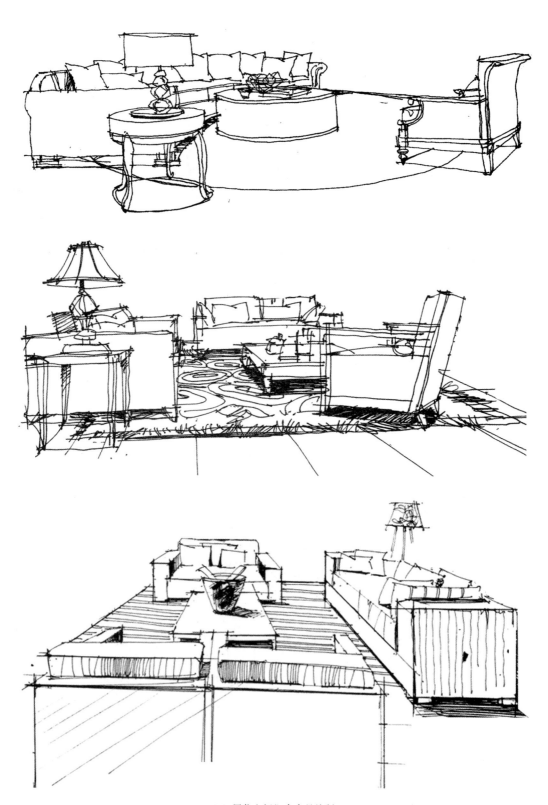

（b）居住空间组合家具绘制

（c）居住空间组合家具绘制

（d）欧式风格组合沙发绘制

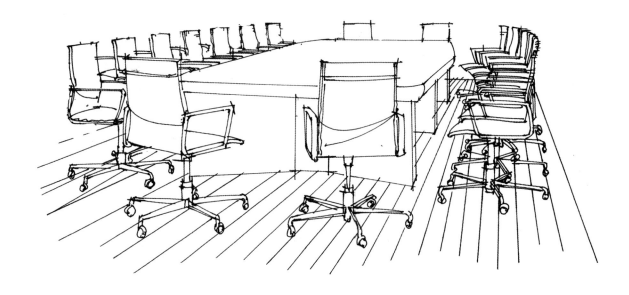

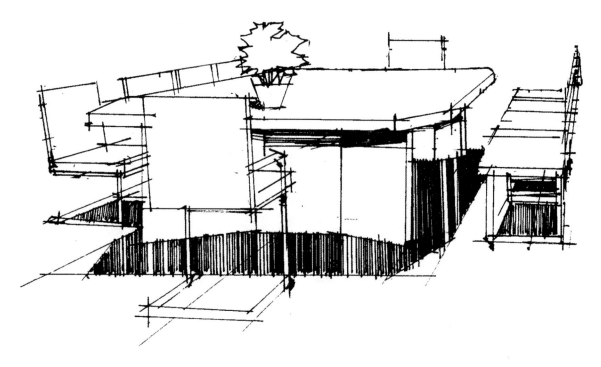

(e)办公空间组合家具绘制

图 3-39　组合家具绘制案例

3.3.2　室内空间局部表达

室内空间局部表达应该注意家具与空间场地的联系。通过场地空间中的装饰物的绘制，呈现局部空间场地的透视关系，注重家具的选用风格和摆放位置。

室内空间局部练习绘制案例，如图 3-40 所示。

（a）餐饮空间局部家具绘制

（b）用餐区组合家具绘制

图 3-40　室内空间局部绘制表达

3.4 室内手绘效果图训练

3.4.1 居住空间线稿表现方法步骤

① 用铅笔将需要表达的空间进行构图。把控好各界面在画面中的面积比重，一般会将界面和吊顶面积控制得较大；确定陈设品的位置、尺度及结构关系；划分各立面分区，预想一下材质运用；确定灯具位置及形式，初步划分吊顶空间，如图3-41(a)所示。

② 由近及远勾勒家具形态。此阶段注意各家具位置的合理性、比例的协调性、形态风格的统一性。绘图经验上预留各家具正投影表达的位置，方便后期强化家具在空间中的作用，如图3-41(b)所示。

③ 完成顶面吊顶的绘制，逐步推进立面深化。此阶段应注意吊灯的空间位置关系、吊灯的形态与整体的协调性。推进立面表达的时候也应注重前后遮挡关系，界面设计分割上的合理性，如图3-41(c)所示。

④ 完成空间各界面，形成空间雏形。此阶段注意画面的整体性，各形体之间、形体与界面的关系，各空间的衔接协调，如图3-41(d)所示。

⑤ 完成材质细节及光影效果。此环节的取舍疏密尤其重要，绘制之前应做到心里有数，确保线条的表现力，避免杂线废线影响效果。刻画影子的时候先确定阴影区域，后排密线突出形体，同时掌控画面整体黑白灰关系，如图3-41(e)所示。

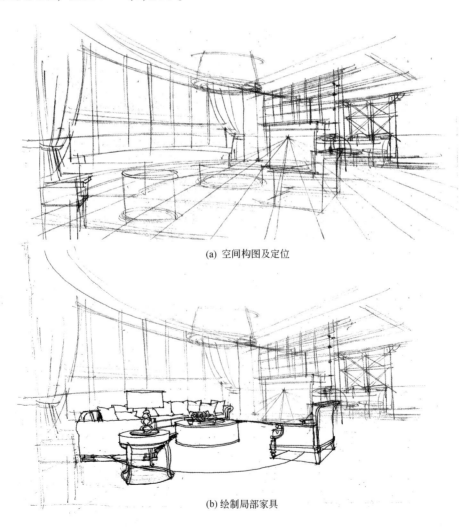

(a) 空间构图及定位

(b) 绘制局部家具

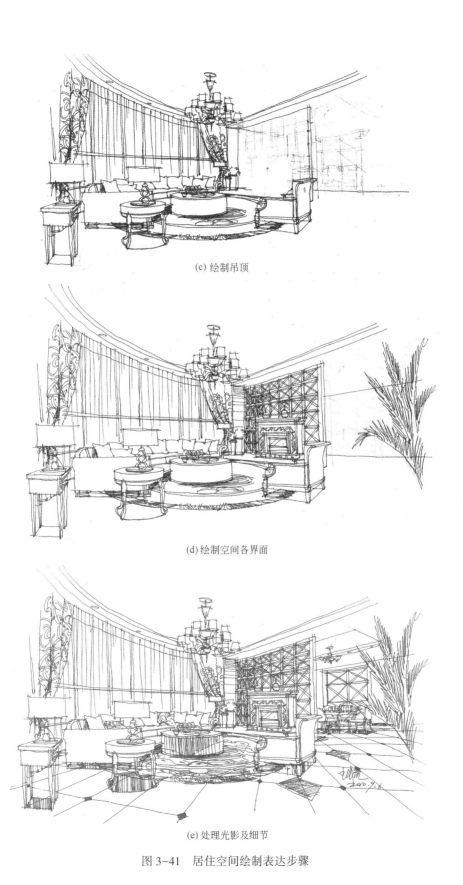

(c) 绘制吊顶

(d) 绘制空间各界面

(e) 处理光影及细节

图3-41　居住空间绘制表达步骤

3.4.2 公共空间线稿表现方法步骤

① 用铅笔将需要表达的空间进行构图。概括整体图幅大小，把控好各界面在画面中的面积比重，大型公共空间一般会将吊顶面积控制的较大，方便后期表达空间的设计；确定陈设品的位置、尺度及结构关系；划分各立面分区，预想一下材质运用；初步划分吊顶空间并结合家具位置来确定灯具位置及形式，如图3-42(a)所示。

② 由近及远勾勒家具形态。此阶段注意各家具位置的合理性、透视的准确性、比例的协调性、形态风格的统一性。如预留各家具正投影表达的位置，后期可通过排线强化光影效果，能增强家具在空间中的作用，如图3-42(b)所示。

③ 通过各空间的立面分隔，初步围合空间。此阶段应注意立面分隔的合理协调，空间面积与家具尺度的协调；适当考虑各类灯具的位置和形态，如图3-42(c)所示。

④ 完成空间各界面，交代材质细节及刻画光影效果。此环节把控画面整体性尤其重要，绘制之前应做到心里有数，力求组织好线条的疏密关系，避免杂线废线影响效果。刻画影子的时候先确定阴影区域，后排密线突出形体，同时掌控画面整体黑白灰关系，如图3-42(d)所示。

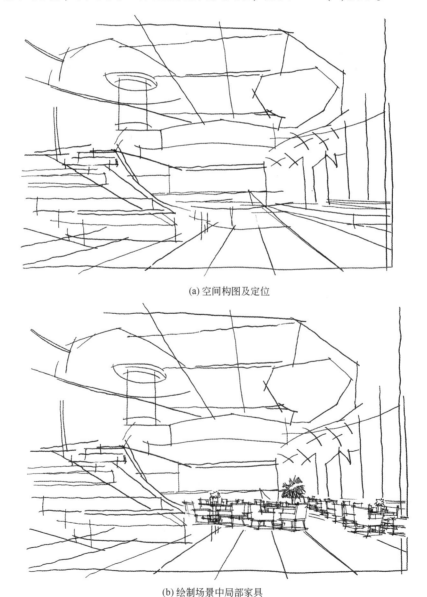

(a) 空间构图及定位

(b) 绘制场景中局部家具

(c) 场地空间性质表达

(d) 处理光影及细节

图 3-42　公共空间绘制表达步骤

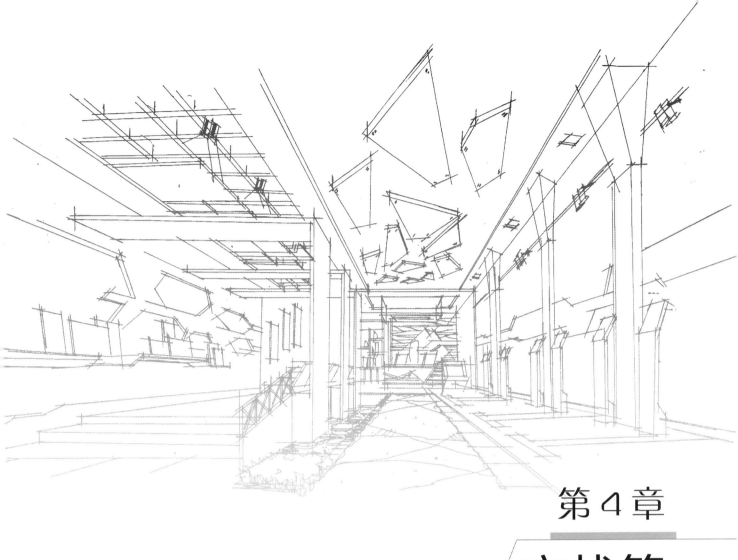

第4章

实战篇

4.1 室内快题的表现方法和应用

4.1.1 室内快题的内容与程序

快题设计,就是在短时间内通过简练的作图方法和技巧,运用绘图工具进行快速设计表达。快题设计一般包含审题构思、草图方案、深化设计和效果表达,一般用时在3~8h。在绘制结束时需提交相对完整的设计成果,以环境设计专业为例,应包含平面图、立面图、剖面图、效果图和分析图等(表4-1、表4-2)。快题是一种非常直观体现设计者综合能力的考核方式,近年来,快题设计也被频繁地应用于各大高校的入学考试、设计专业教学训练中。

快题设计时间进度安排见表4-1、表4-2。

表 4-1 3h 快题设计

时间	程序	设计要点
15min	方案构思	仔细审题,提取重要信息,弄清楚考点、采分点,并完成平面方案的基本构思
40min	平面图、顶面图	根据设计构思确定功能分区,先绘制平面图,顶面图与平面图保持协调一致
10min	立面图、剖面图	如任务书对剖面图做了要求,应与立面图一并绘制
35min	透视效果图	根据设计方案选择合理角度,完成效果图线稿
20min	分析图	分析图表达清晰,注意画面完整性
50min	马克笔上色	画面色调统一,色彩关系和谐。重点绘制透视效果图
10min	细节调整、补充	检查文字标注、尺寸标注、标高等信息是否完整,查漏补缺

表 4-2 6h 快题设计

时间	程序	设计要点
50min	方案构思	仔细审题,提取重要信息,弄清楚考点、采分点;使用铅笔划分图纸布局,并完成平面方案的初步构思
1h	平面图、顶面图线稿	根据设计构思确定功能分区,先绘制平面图,顶面图与平面图保持协调一致
25min	立面图或剖面图线稿	如任务书对剖面图做出要求,应与立面图一并绘制
70min	透视效果图	根据设计方案选择合理角度,完成效果图线稿
30min	分析图	分析图表达清晰,注意画面完整性
100min	马克笔上色	画面色调统一,色彩关系和谐。重点绘制透视效果图
25min	细节调整、补充	检查文字标注、尺寸标注、标高等信息是否完整,查漏补缺

快题绘制注意事项:

① 务必认真审题,所用图纸大小、绘制比例和图种严格遵循试题及任务书的相关要求。

② 版面内字体应工整统一,书写清晰。字体一般采用仿宋或工程字,各图名在位置上应有一定的对正关系。

③ 注意按照制图规范绘制平面布置图中的定位轴线、内视符号、入口符号、标高、尺寸和引线文字类标注等;吊顶天花图内的标高、材质引线、灯具图示等(图4-1)。

④ 各类设计分析图图名及图示表达。分析图可分为采光分析、功能分析、流线分析、动静分析和空间开放程度分析等内容,也可包括创意理念分析、元素分析和设计来源分析等。

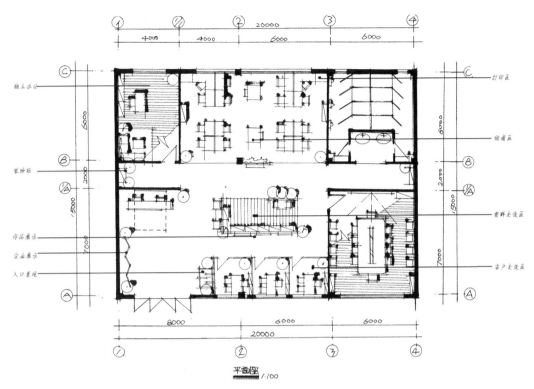

图 4-1　平面布局方案设计

4.1.2　室内快题分析图详解

　　分析图是对设计思想进行补充说明的示意图，设计者应通过简洁清晰的图形符号抽象表达总平图中的具体内容。这些图形符号表达方式多样化，目的是方便审图者最快明白设计意图，图 4-2 是一些可以快速表达又不单调的分析图表达元素。

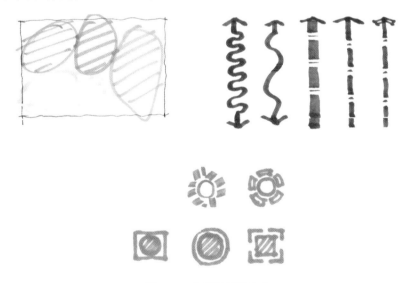

图 4-2　分析图元素参考

　　分析图也有图名，常见分析图可绘制功能分析图、交通分析图、动静分析图与空间开放程度分析图等，也可绘制设计来源分析图。各图在绘制时候通过图标颜色或引线的方式更进一步交代主要表达内容(图 4-3)。

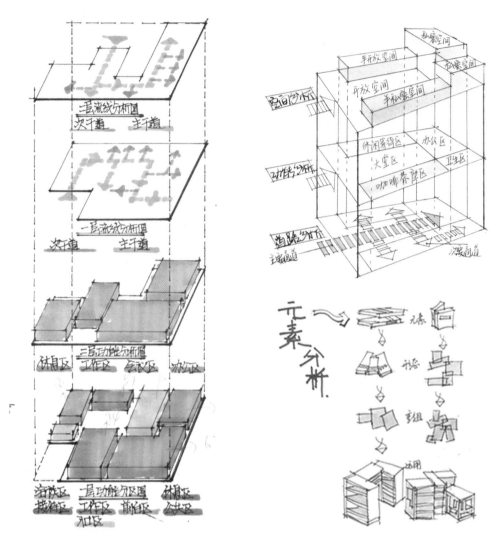

图4-3 分析图元素参考

4.1.3 室内快题字体与版式编排

（1）字体

字体在图面中占有相当的比例，为立足于画面整体感，字体的形态应当避免张扬凸显，淡化笔触细节，将字体排列规则整齐，尽量使之成行、成列，连接成举行条带状的色块（图4-4）。

图4-4 标题字示例

在快题绘制中，版面中所有的字体首先需要统一大小；绘制标题字体和图名是必须划格起稿，而标注与说明等较小字体不必逐字划格，但建议绘制两条平行线统一字高。

快题版面中的字格大小通常有三种规格，对于 A1 图纸，大标题字格大小取 45~80mm；次标题字格大小取 20~30mm；图名字格大小取 10~15mm；文字或数字标注字格大小则取 5~7mm。需要注意的是同一字体应避免大小不一，控制好字格间距，避免散布；对于图名字体间距拉宽，常采用字体下方添加一道马克横线的方法连成整体。笔画宽度一般随字格大小而变化，绘制时用笔可适当调整。

对于没有书法基础的应试者可学习速成的等线字，这种字体具有笔触简洁、笔画平稳、字架均匀、外廓整齐的特点，更适合初学者进行练习。

（2）版式编排

室内快题设计图纸的版式编排需遵循审美原则，应满足规整、饱满、均衡的原则，具体表现为：首先四面留空，即所有图形外围止于这条边线，范围常根据情况控制在 2~4cm；其次要主次分明，图形尽量靠边且饱满；然后巧妙利用效果图平衡画面重心；最后用设计说明、分析图、主次标题等文字填满图面。常见 A1、A2、A3 图纸排版方式如图 4-5~图 4-7 所示。

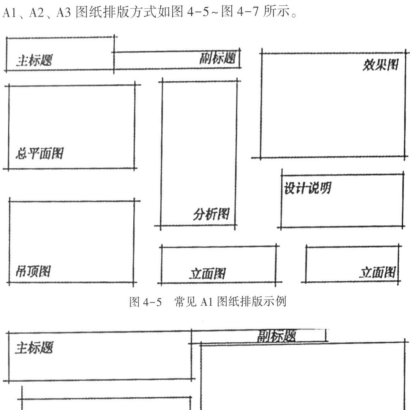

图 4-5　常见 A1 图纸排版示例

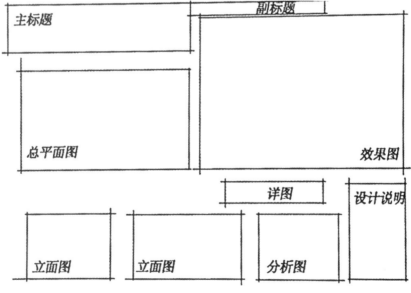

（a）

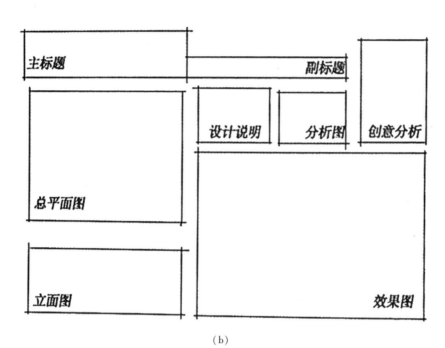

（b）

图 4-6　常见 A2 图纸排版示例

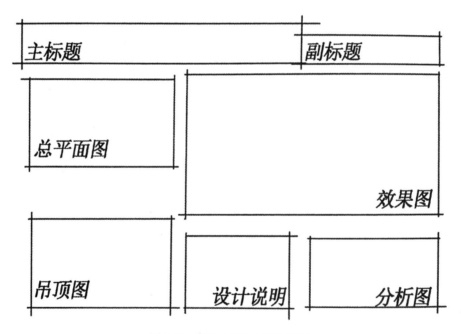

图 4-7　常见 A3 图纸排版示例

　　当然，快题的排版形式往往不需要拘泥于固定的形式，做到版面中各类图种主次清晰、色调和谐统一和画面美观整洁等，效果远胜于版面中只有单张表现图精致。

　　在进行快题图纸排版的时候，首先应确定场地的边界，思考总平面图在整个版面中最后呈现的效果，否则想通过后期调整补救则会出现被动的局面。确定好总平面图在版面中的大小和位置后，预留出其他主要图幅的位置和大小，并按照顺序完成快题的绘制。

　　① A1 图纸常用排版方式（图 4-5）。

　　② A2 图纸常用排版方式（图 4-6）。

　　③ A3 图纸常用排版方式（图 4-7）。

4.1.4 室内快题线稿表达示例(图4-8~图4-10)

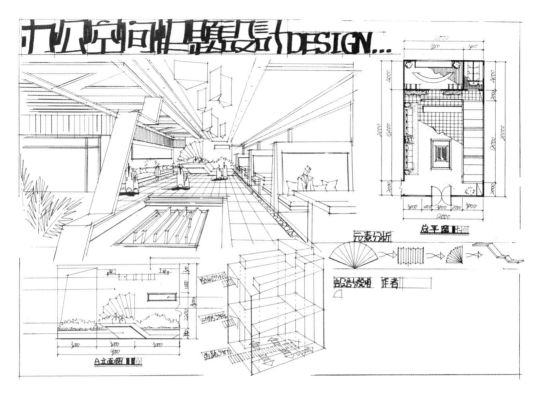

图4-8 办公空间快题线稿表达

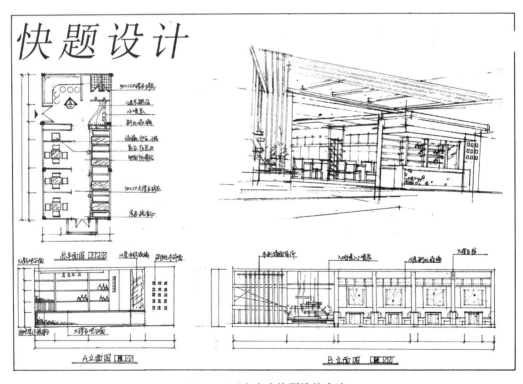

图4-9 酒店大堂快题线稿表达

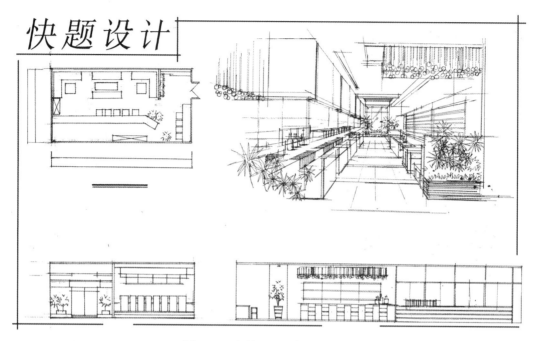

图 4-10　餐饮空间快题线稿表达

4.2　居住空间的线稿表现

4.2.1　居住空间设计的特点

居住空间是室内空间设计中最常见的空间类型。居住空间一般可以分为起居室、餐厅、卧室、书房、厨房、卫生间等主要组成部分。对居住空间的设计，应结合功能要求，合适组织空间流线。

（1）各个空间平面配置的内容

起居室——起居室作为整个居住空间设计的重点，也是使用最频繁的一个公共空间，兼具会客、娱乐、休闲等多种功能。在空间配置设计上主要考虑的是客厅的使用面积及动线。其配置的对象主要为沙发。常见的沙发类型有人单人沙发、双人沙发、三人沙发、L 型沙发，根据空间的使用面积，选择合适尺寸类型的沙发。结合茶几、电视柜、灯具等其他元素，让客厅的空间富有变化性。如果起居室的面积较大，虽然是单一空间，但是可以划分为两个区域进行使用；起居室的配置也可以与另一个空间结合，可以使用开放性、半开放性或者穿透性的处理手法，这些方式可以让起居室看起来更开阔、延展性更大。例如把起居室中加入了开放式的阅读空间，让空间更有机动性。

我们需要注意在配置起居室的时候，人行走的动线宽度约为 45~60cm，比如沙发和茶几之间的距离，把握在 45~60cm 之间；沙发与沙发转角的间距保持在 20cm 左右。我们在绘图的时候，沙发的中心点尽量要与电视柜的中心点对齐。

餐厅——餐厅可以和起居室合在一起设计，一般在起居空间中靠近厨房的一侧。餐厅也可以单独设置，就餐区的尺寸应充分考虑到人的活动和来往，常见的餐桌形式有四人桌、六人桌。若空间足够大，可以放置餐边柜、酒柜等家具。

卧室——分为主卧、次卧、客房和儿童房这几种主要的形式，布局设计上应具备睡眠、贮藏、阅读和梳妆等功能。以主卧为例，一般选择面积较大的空间作为主卧，主卧的使用面积应大于其他卧室且小于客厅。平面布局应以床为中心，设计根据使用者的个人习惯，依次布置床、床头柜和衣柜等家具；卧室中还可以放置梳妆台或单人沙发、小茶几等家具，其平面布局具有多种不同的配置形式。次卧一般可设计为儿童房、老人房或客房。儿童房除了睡眠区之外，注意设置一定空间的娱乐区，可铺上柔软的地毯，家具尽量采用圆角设计，以免儿童活动时造成磕碰。老人房的设计在满足基本的睡眠和贮藏需求的基础上，多以实用为主。

　　厨房——厨房的布局需要根据厨房的使用流程来进行设计，"洗、切、煮"这三个流程是影响厨房布局设计的重要因素。厨房的整体规划有"一字型""二字型""L型""U型"和"中央岛形"（图4-11）。U型厨房可使用台面最长，操作时移动最少，属于较好的布局选择；如果厨房受限制，可以选择L型厨房和二字厨房；厨房面积较小时，一字型的配置是最常见的，这种台面的深度尺寸应在80~120cm之间。厨房中的有效台面最小 $1.2m^2$，最佳为 $1.8m^2$，即可以完成厨房操作或者至少可以方便摆放东西的台面。除去水槽、灶具和烟道占用的部分，台面的宽度应不小于40cm。灶具与墙面之间每边至少预留20cm的空间，两侧需预留足够大小的台面，可用来备餐和摆放调味品，有效提升厨房台面的使用效率。

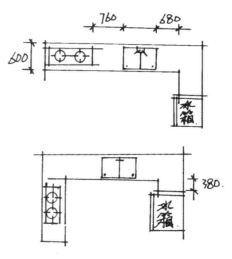

图4-11　厨房布局示意

　　卫生间——卫生间的布局应注意尽量做到干湿分区，也称为二分离，即淋浴区与盥洗区分隔开来，两个区域可以独立使用，对于使用者来说更加合理。若空间条件允许，可以将卫生间分为三分离，即盥洗区、如厕区和淋浴区分别都可以独立使用，相互之间不影响。如不能进行干湿分区，尽可能设置帘、隔屏等，对区域做出明显的划分。

　　（2）室内空间流线设计

　　一般来说，居住空间中的流线可划分为家务流线、家人流线和访客流线，三条流线避免交叉，这是居住空间中流线设计的基本原则。其中，家务流线中的下厨流线，依次按照冰箱、水槽和炉具的位置摆放顺序设计；结合L型厨房布局形式的下厨流线安排，对使用者来说是较为轻松的下厨流线。

　　家人流线主要存在于卧室、卫生间、书房等私密性较强的空间。这种流线设计要充分尊重主人的生活格调，满足主人的生活习惯。例如在卧室里面设计一个独立的卫生间，既明确了家人流线要求的私密性质，同时也为卧室的使用者夜间起居提供了便利。此外，床、梳妆台和衣柜等家具的摆放位置应得当，注意不要形成空间死角，让使用者感到无所适从。

　　访客流线主要指由入口进入客厅区域的行动路线。访客流线不应与家人流线和家务流线交叉，以免在客人拜访的时候影响家人休息或工作。

　　起居室周边的门是保证流线合理的关键，一般的做法是起居室内只有两扇门。而流线作为功能分区的分隔线划分出主人的接待区和休息区。

　　室内空间中流线的设计要遵循"以人为本"的设计原则，应将使用者舒适方便作为设计的出发点，杜绝出现不合理的流线设计。

4.2.2　居住空间手绘线稿赏析

　　① 该线稿画面整体风格以简约为主（图4-12），所绘制的家具配置上讲究主次之间的搭配关系，家具设计上主要以几何形组合方式进行呈现，整体空间感较强。空间中的电视背景墙和沙发背景墙设计较为简单，整体空间进深感较强，精致明了。

图 4-12　现代风格客厅线稿表达

　　② 图 4-13 整体画面干净简洁，为两点透视手绘线稿图。主次关系较为合理，电视机背景墙有装饰图案进行效果上的点缀，空间进深感较强。空间营造上采用简约设计风格手法，灯饰设计也符合整体场地设计风格。

图 4-13　居住空间一角线稿表达

③ 该手绘线稿图角度采用两点透视手法(图 4-14)。层高较高是该空间主要的特点,针对该空间特有属性,在室内立面墙体上设计木饰面结构的造型墙,可以起到点缀空间的作用。吊灯的设计,丰富了垂直空间的层次感。

图 4-14　起居室线稿表达

④ 简欧元素的设计手法,是该手绘线稿图的一大特色(图 4-15)。比如:台灯和吊灯的选用最为突出。吊顶采用花格的设计手法,更具有烘托氛围的特点,整个空间为套件形式,加深的空间前后感,画面细节处理很多。

图 4-15　欧式风格起居室线稿表达

⑤ 该手绘线稿采用两点透视原理进行绘制（图4-16），针对简欧的特点，局部进行了处理，如墙面装饰画的运用、吊灯的配置、茶几上的摆式等，家具的选择上细节处理非常明显，如：电视机柜的细节处理、沙发的细节处理等。

图4-16　简欧风格居住空间线稿表达

⑥ 图4-17的线稿图画面空间进深感强，为典型的两点透视绘制手法，设计定位为简约风格。吊顶选用筒灯光源设计，更容易凸显电视机背景墙设计内容的层次感，组合式沙发和单体沙发的布置上，更体现空间的围合感。

图4-17　现代简约风格居住空间线稿表达

⑦ 图 4-18 画面干净简洁，有一定的趣味性，采用点线面的设计手法进行表现，为两点透视原理的手绘线稿图。家具的选用上风格简单，整体设计属于现代简约风格，地毯和沙发的摆放位置围合形成了一定的洽谈休闲空间。

图 4-18 客厅一角线稿线稿

⑧ 图 4-19 画面整体干净简单，整个空间为简欧主义设计风格，角柜的设计和壁炉的设计最为明显，家具细节上也有一定的表达，座椅的扶手和一些装饰线条多为曲线的样式进行呈现。为典型的两点透视绘制手法。

图 4-19 欧式风格客厅一角线稿表达

⑨ 客厅的设计和表达是家装方案中的重中之重。在图 4-20 的绘制上，进行了局部的阴影处理，效果更加突出。整体画面简洁，室内墙面表达上比较丰富，透视合理。局部细节处理上也有一定的表达，空间呈现上比较完整。

图 4-20　居住空间会客厅空间线稿表达

⑩ 图 4-21 绘制的空间主次明确，前后空间关系虚实得当，电视机背景墙为嵌入式设计，配有灯光的氛围，整体比较统一。沙发为三人座条状常见样式，客厅空间与餐厅空间相连接，更体现空间的通透性和可达性。

图 4-21　简约风格会客厅空间线稿表达

⑪ 图4-22绘制的客厅空间为新中式的设计风格,对电视机背景墙的设计和表达上尤为突出,吊顶的个性化设计与电视机背景墙融为一体,体现整体性。沙发背景墙上的装饰画组合灵活统一,边框的装饰纹样和家具的装饰纹样有相同之处。

图4-22 新中式风格客厅线稿表达

⑫ 图4-23绘制的场地为复式空间,是整个场地中的洽谈会功能区域,层高是复式空间的一大亮点,不会给人带来压抑感,往往出现在别墅设计中。整个场地空间设计合理,沙发的摆放具有一定的放置手法,起到合理的围合作用,更容易表现该功能区的特点。

图4-23 复式居住空间线稿表达

⑬ 该手绘线稿体现了混搭风格的设计手法(图4-24),为会客区。整个设计上主要依靠座椅进行场地的围合,桌面上的饰品体现了很多趣味性,如:佛头的布置,陶罐的放置,植物的放置等。立面的饰面表达简单但又有层次感。

图 4-24 中式风格客厅线稿表达

⑭ 图4-25的场地表现为客厅空间设计,纵深感较强,通过吊顶的设计,可分为两大主题空间。远处的餐厅设计简单,画面上与前面的客厅空间形成了主次对比。绘制手法上运用阴影和调子的处理方式,使画面更具有说服力。

图 4-25 田园风格会客厅线稿表达

⑮ 图4-26的整个空间属于现代主义设计风格,主要体现在家具和小品的放置和选择上。例如:电视机背景墙的立面采用木饰面板进行装饰,更加自然。沙发造型简单,经典的三人座样式。植物盆栽和装饰物现代感强,具有趣味性。

图4-26 简约风格会客线稿表达

⑯ 该设计场地为洽谈交流空间(图4-27),各个空间之间具有独立性又有一定程度上的联系。沙发后面的角柜有效地连接了两大空间,吊灯的设计搭配局部吊顶的展示也是该空间设计的一大特色,空高较高,给人舒适感。

图4-27 居住洽谈空间线稿表达

⑰ 图 4-28 为复式空间的一楼客厅场地，设计风格简单明了，具有辨识度。画面整体风格以简约为主，重点对电视机背景墙进行了特殊处理，体现主次关系，墙面进行了文化砖的材质处理，呈现出现代工业风的风格样式。

图 4-28　简约中式风格会客厅线稿表达

⑱ 图 4-29 画面线条灵活有张力，针对洽谈空间的设计语言表达充分，其中对墙面的处理尤为突出，螺纹状的装饰图案和马赛克贴面，更能体现细节上严格的把控。两个空间被墙体一分为二，吊顶的处理也与整体空间的划分具有密切的联系。

图 4-29　简约会客厅空间线稿表达

⑲ 图 4-30 中空间设计表达合理，具有很强的空间感。家具的选择简单明了，围合感较强，能正确地进行风格表达。画面前后关系明确，具有很强的辨识度。墙面未做过多装饰处理，宣传画的放置起到了一定的点缀效果。

图 4-30　客餐厅空间线稿表现

⑳ 图 4-31 线条绘制轻松、流畅，该手绘线稿以典型的两点透视原理进行的绘制，除此之外还对阴影进行了表达，整体效果突出。不同功能区通过吊顶的处理和家具的摆放进行了区分，洽谈区墙面处装饰物比较多，主次关系上也起到很好的表达。

图 4-31　新中式风格居住空间线稿表达

㉑ 图 4-32 的线稿为复式居住空间，整体为欧式设计风格。手绘线稿针对一楼的会客厅进行了全面的表达，家具的一些柱头设计特征尤为明显，吊灯和壁灯的选用上也体现出来该风格特征。墙壁进行了一些饰面材质的表达，效果突出。

图 4-32　欧式风格别墅一角线稿表达

㉒ 图 4-33 的画面呈现出简欧的设计风格，墙面有装饰画相框作为点缀，沙发和茶几上采用柱式元素进行设计，更容易体现该风格。桌面上摆放的装饰小品，如：钟表、花瓶、台灯等，都具有一定的特点，起到了很好的表达作用。

图 4-33　简欧风格客厅一角线稿表达

㉓ 图 4-34 的画面空间主次关系合理，能准确进行表达。沙发表面有花纹装饰图案，与茶几相呼应，落地玻璃的设计使得空间上有一定的通透性，整体空间风格搭配较合理，柔性地毯的配置更容易让人感觉舒适。

图 4-34　休闲洽谈空间线稿表达

㉔ 图 4-35 的空间进深感比较强，客厅和餐厅属于统一的整体空间，该空间通过吊顶不同的形式进行了区分，画面采用色调的运用，区分了虚实关系，使得主次关系更加明确，沙发和独立软质座椅的运用最具特色。

图 4-35　居住空间客厅手绘效果图

㉕ 图4-36的空间设计体现欧式风格，吊顶采用花格进行了大面积的划分，配备水晶吊灯的设计，体现其尊贵的特征。墙面设计细致，通过装饰线条的设计进行了划分和重组，回字形石膏线条的设计也是一大亮点，地面家具的设计也符合欧式风格的需求。

图4-36　美式风格洽谈区线稿表达

㉖ 图4-37为一点透视设计线稿手绘图，整体画面前后关系主次分明，针对所有表达的洽谈区绘制得很仔细，如沙发的样式、抱枕的纹理、茶几上的饰品摆放等，绘制都是比较不错的。其采用线条色调进行表达，具有显著的视觉效果。

图4-37　洽谈区一角线稿表达

㉗ 图4-38整体画面表达合理，空间进深感较强，细节上展示的有一定内涵，如一些五金扣件的运用、屏风的处理、花窗的设计上都展示出一定的新中式风格趣味性。吊灯的设计也符合整体风格特色。

图4-38 客餐厅空间线稿表达

㉘ 图4-39空间感强，画面为简约风格的休闲洽谈区设计，该线稿采用一点透视设计原理进行绘制。线稿分为上下两层空间，家具设计较为简洁，桌面摆放的装饰品，如：相框、陶罐、绿植容器、台灯等对整体空间进行了点缀。

图4-39 复式空间结构线稿表达

㉙ 图4-40的画面垂直空间感较强，为别墅空间设计手绘线稿图。线稿中家具的风格设计较为简单大方，配饰也比较合理。整个空间的绘制手法正确，符合透视学的基本原理。地毯的样式围合了一定的空间，起到很好的联系作用。

图4-40　复式别墅空间一角线稿表达

㉚ 图4-41的手绘线稿采用两点透视原理进行绘制，简单明了。其中，家具和墙面设计都采用几何形体进行绘制表达，透视合理、正确。摆放的小品绘制也较为轻松，位置合理，电视机背景墙的设计对整体墙面进行了区分，一定程度上起到画龙点睛的作用。

图4-41　居住空间大尺度会客厅线稿表达

㉛ 图4-42的空间为别墅室内设计表达，手绘线稿整体画面体现现代简约风格，并针对不同的功能空间进行了合理的表达和说明。线条的绘制随意且较为流畅，配饰的选择也较为生动，针对不同的空间进行位置摆放。

图4-42　复式空间会客区线稿表达

㉜ 图4-43的画面采用两点透视进行绘制，整体表达合理，家具和陈设物体绘制细致，体现了空间感和围合感。该线稿针对不同的功能空间，进行了充分的设计表达，且透视表达上合理准确，用阴影调子进行展示，更体现空间的主次关系。

图4-43　居住交往空间线稿表达

㉝ 图4-44的画面干净整洁，具有一定的表现力。为两点透视表达手法，沙发背后的角柜是该空间汇总的一大特色，三人组沙发和周边的单体沙发组合后围合成一个相对的空间。摆饰的选取上也进行了思考，符合整体设计风格。

图4-44　现代简约会客厅线稿表达

㉞ 图4-45的空间感较为丰富，整体绘制感紧凑，家具的设计简洁明了，沙发背景墙上面挂有三幅装饰画是常用的典型设计手法，整体手绘线稿采用色调的形式进行表达，更能表达物体的主次关系和空间感。

图4-45　会客厅一角线稿表达

㉟ 图4-46的吊顶设计是该空间的一大特色，墙面装饰上也进行了处理和设计，体现一定的视觉效果。沙发的围合感较强，空间上更加紧凑。该空间采用两点透视原理进行绘制，表达上较为合理，主次表达也很准确。

图4-46 居住空间会客厅场景线稿表达

㊱ 图4-47线稿绘制表达合理，空间感较强，前面会客区的设计为主要展示区域，后面的餐厅次之。针对主次关系，在手法上运用色调进行绘制，加强了一定的效果，电视机背景墙的设计是该空间表达的一大特色，效果比较突出。

图4-47 居住交往空间线稿表达

㊲ 图 4-48 是运用一点透视原理绘制的手绘线稿图，整体色调较为统一，主次关系较为合理。电视机背景墙后面的条状装饰设计和沙发背景墙的设计相互联系，体现整体性。绿植的点缀也进行了考究，放置位置符合人体工程学的相关知识。

图 4-48　会客厅空间展示线稿表达

㊳ 图 4-49 的画面空间进深感较强，为别墅室内空间展示。其在吊灯的设计和绘制上，体现美式设计元素，而电视机背景墙表面采用饰面材料进行表达，效果上更加厚重，体现空间的层次关系。画面绘制采用线条色调进行表达，效果突出。

图 4-49　复式空间会客厅线稿表达

㊴ 图4-50的画面空间层次感较强，前后进深关系明确，为别墅室内空间洽谈区。整体空间没有较为复杂的设计，风格上也较为统一，空高较明显，家具和灯具细节的处理也是该空间较为明显的一大特色。

图4-50　复式空间洽谈区线稿表达

㊵ 图4-51为一点透视原理进行的手绘线稿绘制图，空间特征明确。其主要采用几何形进行空间中体块的梳理，选用常见三人座尺寸的沙发和单体沙发进行组合，加强围合感和空间层次感。地毯的设计和运用也起到一定的组织作用。

图4-51　客厅一角线稿表达

㊶ 图4-52的画面整体风格较为明显，空间层次感较强，针对空间属性，设计有沙发、茶几、电视机柜、灯具等元素进行组合。绘制手法采用色调阴影的形式进行区别表达，对主要的位置起到了很好的强调作用，整体关系融洽。

图4-52　现代简约居住空间线稿表达

㊷ 图4-53的画面简单明了，为一点透视原理进行的线稿表达。电视机背景墙和沙发背景墙相呼应，体现出一定的趣味性，也是作为整张线稿中的重点进行了绘制。通过画面中黑色阴影的表达，使得画面前后关系更加明确，效果更加突出。

图4-53　现代简约居住空间线稿表达

㊸ 图4-54的内容较为丰富，画面表达完善，效果较好。该手绘线稿采用两点透视原理进行的表达，为欧式风格样式，细节处理相对完善。在电视机背景墙的表达上，材料的选择进行了较为细致的考虑，家具的形式和绘制上也表现得较为生动和准确。

图4-54　欧式风格居住空间线稿表达

4.3　办公空间的线稿表现

4.3.1　办公空间的设计特点

办公空间是供机关、企业、事业单位办理事务和从事各类业务活动的空间场所。办公空间的设计应注重人的生理、心理需求，保证合理的分区与规划等大局规划之外，对各功能区域的设计也是需要注意并细心分析的。完整的办公空间一般可以划分为公共空间、工作空间、服务性空间、后勤区以及卫生间。

（1）公共空间

公共空间主要指的是在办公空间中提供公共活动的区域，包含门厅、洽谈室、展示空间等（图4-55、图4-56）。

门厅——作为进入办公室的起点，是带给客户第一印象的场所，也是最直接向外来人员展示办公空间形象和特征的区域，既担负组织交通枢纽作用，也是企业形象展示的良好开端。基本组成要素有前台、背景墙、等候区和通行区。门厅作为办公空间的导入区域，它的通行区域包括了走廊、过道及楼梯，是办公空间设计各个功能区域重要的联系纽带，人行过往的交通要道。

洽谈区——洽谈区主要满足访客交流的功能，根

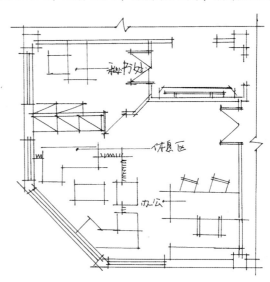

图4-55　办公空间平面图

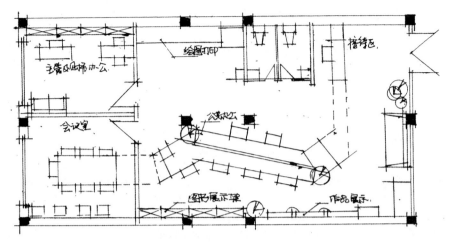

图4-56 办公空间平面图

据具体需求，可以设计成开放式、半开方式和封闭空间。

展示空间——是对外展示公司、机关文化的外向空间，可以设计成独立的空间，也可以结合前厅或接待室等空间进行设计。

会议室——会议室根据实际需求可以分为大会议室、中会议室和小会议室。会议室内一般配备的会议桌椅根据空间的大小、参会人员的数量等因素来设置。办公空间的公共区域，对于小型公司来说，其中的小型会议、洽谈区因其灵活性、便利性，多会交叉出现在工作区内，方便员工随时进行讨论、交流。

（2）工作空间

工作空间是办公空间设计的重点区域。根据空间类型可以划分为独立单间办公空间、半开方式办公室和开放式办公空间。具体布局考虑其工作的性质、不同的部门、各级别工作人员以及工作的流程等因素，注意避免整个工作空间的流线交叉移动。

① 独立式办公室：根据工作性质或部门对空间进行划分，管理者办公室通常作为独立办公室设计，面积最小不得小于10m²，若有需要可配置卫生间、会客室、休息室和秘书间。

② 开放式办公室：开放式办公空间一般根据人员数量、人员流线来组织空间布局，具有一定的灵活性和可操作性。每个工作空间可以通过隔板分隔，形成相对独立的区域，也可以利用绿植、家具等物件进行点缀。

（3）服务性空间

服务性空间主要为办公工作提供便利和服务，作为一种辅助性功能空间，例如资料室、文印室、档案室等。在设计的时候可以根据工作空间的大小，考虑是否单独设计文印室或者将其放置在开放办公区域内。

（4）后勤区

后勤区是为办公空间中的工作人员提供休憩交流、饮用茶水等功能的场所，主要包含茶水间、休息室等。空间形式可多样化，根据办公性质的不同而具体设计。

（5）卫生间

卫生间是办公空间中的重要生活空间。在设计的时候需要注意，卫生间的设置距最远的工作点不应大于50m。

办公空间设计在流线上可以分为人员流线、物品材料流线和信息流线。在设计的时候需要注意分清主次，物品材料流线包含垃圾运输、材料进出等，不应于人员流线交叉重叠。在办公空间的整体设计中需注意营造空间的秩序感。在家具的选用与布置上具有规整性，顶面与地面不宜采用过于花哨、鲜艳的色彩与装饰材料。

4.3.2　办公空间手绘线稿赏析

①　图4-57的线稿图空间层次合理，功能分区划分细致，整体较为统一。前台的设计简单大方，表面贴有石材进行呈现。洽谈区的设计配备周边配饰小品，更加具有特点。通过局部吊顶的设计和空间内墙面表面的统一处理，效果上更加完善。

图 4-57　办公空间接待区线稿表达

②　图4-58的空间重点展示了书房功能的设计表达内容，形式较为合理，绘制手法自然，体现空间独有的特性。在室内立面处理上，书架的设计和前面桌子相互联系，组合成一个具有关联性的空间，墙面还有画卷作为点缀和表达，较为合理。

图 4-58　办公空间洽谈区线稿表达

③ 图 4-59 的手绘线稿空间表达上采用两点透视设计原理进行的绘制。前台接待处空间进深感较强，吊顶的处理上体现出现代科技感，灯光上运用面光源进行室内采光。立面处理上进行了格栅处理，丰富了空间关系。

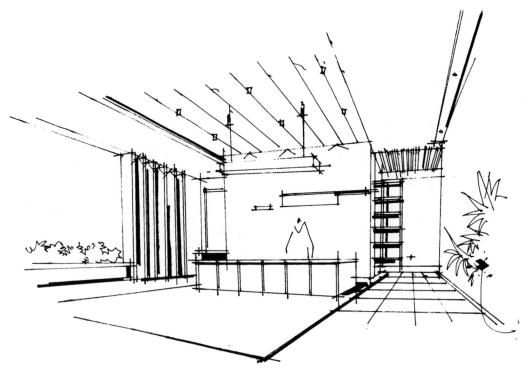

图 4-59 办公空间入口线稿表达

④ 图 4-60 会议室的布局上往往会针对其功能属性进行重点布置和点缀，吊顶采用面光源吸顶灯进行设计，满足空间采光需要，立面设计利用组合柜进行围合，并做到了分割空间的作用。整体画面采用色调进行阴影处理，最大化体现场地风格。

图 4-60 小型会议室线稿表达

⑤ 图 4-61 为典型的两点透视手绘线稿图，线条舒畅有张力，针对不同的空间功能属性，选取的家具样式也有所不同。办公区作为相对围合的半封闭式空间，加上屏风的处理和嵌入式书柜的设计，起到一定的洽谈交流作用。

图 4-61　办公室空间线稿表达

⑥ 线稿图 4-62 对于开放性会场的设计有一定的认识和理解，条状光源的设计对会场的采光起到很好的作用，针对主席台的设计，原则上场地尽量设计开放，座椅相对集中。该场地周边围合面的处理采用大面积玻璃材质进行设计，更满足场地内的通透性。

图 4-62　办公空间会场线稿表达

⑦ 图 4-63 的线稿中，会议室场地设计体现其特有空间功能，该空间进深感强、主次分明，洽谈区作为整幅手绘线稿中的重点，细节处理非常完善，尤其是对沙发、茶几、饰品的细节处理尤为突出。立面设计也进行了不同形式和材料的区分和运用，满足最终的空间效果。

图 4-63　办公空间一角线稿表达

⑧ 办公空间设计中针对会议室的布局设计尤为重要，图 4-64 的空间层高是场地中的一大特色，顶面采用不同方向的面光源进行放置，满足不同方位的人群使用。立面造型各异，但又整体统一，材质上也进行了饰面处理，并与地面木地板材质相互联系。

图 4-64　会议室一角线稿表达

4.4　商业与展示空间的线稿表现

4.4.1　商业与展示空间的设计特点

商业与展示空间布局形态、空间格局复杂多样，可根据实际功能需要进行设计，其中包含了专卖店、购物中心、超市等多种类型。

（1）专卖店空间

专卖店主要分为品牌专卖店和同类专卖店，如图 4-65 所示。以常见的服装专卖店空间为例，对这类专卖店的设计步骤，通常是先确定空间的大致规划，例如营业员的空间、顾客的空间和商品空间各占多大比例，划分区域，然后再进一步调整修改，最后具体地陈列商品。服装店空间包含导入空间、销售空间和店内辅助空间三个部分。

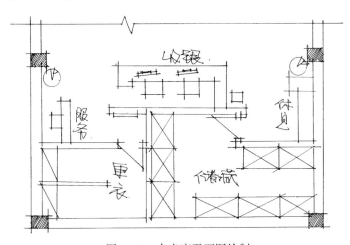

图 4-65　专卖店平面图绘制

① 导入空间——包括卖场门头、橱窗、POP 立体展板等。其中橱窗设计的应突出体现品牌特色，注意色彩、材质、造型和灯光等因素的搭配设计，从而吸引更多的消费者。

② 销售空间——包括商品陈列区、服务区(收银台、服务台、流水台等)、顾客区(顾客试衣间、休息区)；商品陈列区的陈列方式有箱型、平台型、架型等多种选择。收银台是店员工作空间的一部分，位置一般设计在较为突出且交通流线方便的区域。顾客区的设计要注重方便、通畅，保证顾客能够充分接触商品。顾客区中的休息区与试衣间应有流线上的关联，同时也要注意试衣镜的预留位置。

③ 店内辅助空间——包含仓库和工作人员休息区。

服装店空间在流线设计上主要以顾客流线为主，常见的流线布置有回游形，即 S 型购物路线，能使顾客在浏览商品时视觉减少疲劳，增加购物时间，提升销售机会。此外，还有服务人员工作流线等。

（2）阅读空间

阅读空间主要以书店、休闲书吧等为主要性质的空间场所(图 4-66)。

以书吧的设计为例，休闲书吧作为一种新兴的阅读空间场所，室内空间可划分为书籍陈列空间、阅读空间、餐饮空间和休闲空间等功能区，注意顾客流线的设置及空间主次的划分。

① 书籍陈列空间——用于书籍的展示与陈列，可用小标识牌划分空间，以便于快速查找；若空间较大，可以在陈列空间内设计一定的阅读区，以便于顾客临时阅读。

② 阅读空间——阅读空间可以根据室内空间面积大小，分别布置不同的桌椅数量，包括双人桌、四人桌、卡座等多种形式。

③ 餐饮空间和休闲空间——作为书吧中的次要功能空间服务于整体，应把握好与整体的关系，根据主次功能合理分配区域面积。

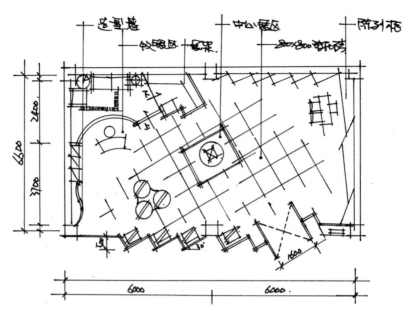

图 4-66　休闲书吧平面图绘制

在进行设计的时候，阅读空间的橱窗展示也是一种吸引顾客上门的简单易操作的方法。但要避免直接堆积图书，人们享受读书的时光更重要的是享受那份安静和平和。橱窗设计最好采用透明的形式，能够展示书店中的人舒适的享受读书的状态，营造氛围，吸引消费者。

书吧设计更适合简洁开阔的风格，设计装修时去掉多余的装饰物，把简洁实用放在第一位，整体空间看起来开阔、整齐，让空间安静下来。整体色彩应该由冷色调和中性色调来造就。在设计的时候，可从中选择一两种颜色奠定书店安静的基调，然后由其他颜色点缀，让空间更加生动。特别需要注意的是，尽量避免大量使用暖色调，或多种颜色混合搭配。如果是儿童书吧，应针对儿童的特色从空间中界面的装饰、家具的形状等加以趣味的设计，并且注重室内空间的安全性。

（3）售楼空间

售楼部作为楼盘形象的导入空间，起到一个承上启下的作用，也是典型的商业与展示空间中的代表类型之一。售楼空间的设计一般分为接待区、沙盘区、洽谈区、签约区、办公区、休闲区等主要功能区域。在室内空间的流线设计上应分为两条活动流线，一是顾客流线，以参展、洽谈、签约为主；二是内部职员活动流线。

① 接待台是置业顾问等候、接待客户、临时休息和摆放楼盘资料的场所；同时也是营销中心的"门户"。这个区域在尺度安排上要宽敞有度，适宜选用较为明快的色彩。

② 沙盘区作为展示功能区一般设在接待台的正前方，且有足够大的空间，以方便销售人员和客户的走动。售楼部模型展示区域建议放置整体模型与单体户型的模型，此外该区应临近洽谈区，分功能不分区域，方便销售人员随时为客户解说。

③ 洽谈区可根据售楼处设计的大小，也要根据前期调查的人流量的大小来设立。空间要求宽敞明亮、氛围轻松、人性化。

④ 签约区面积不需要太大，但要绝对的安静，干扰少，可以是偏僻的一角。建议专门隔断成一间独立小房间。

⑤ 办公区的功能就是为现场办公的工作人员，如经理室、公司财务，一般情况下设置在不和客户频繁出现的区域互相干扰处。

⑥ 休闲区要让客户充分感受到浪漫的家居生活气息。一个好的售楼处设计离不开对售楼部各个区域功能的理解和尊重，也体现了设计师的水平所在。

4.4.2　商业与展示空间手绘线稿赏析

① 图 4-67 的设计空间进深感较强，场地顶面设计上采用异形处理手法进行呈现，是该空间的一大特色，中心主体物设计合理，放置位置较得当，主体物流线性较强，前段设计有展示台和必要的射灯点光源，氛围营造较强，前后关系比较合理。

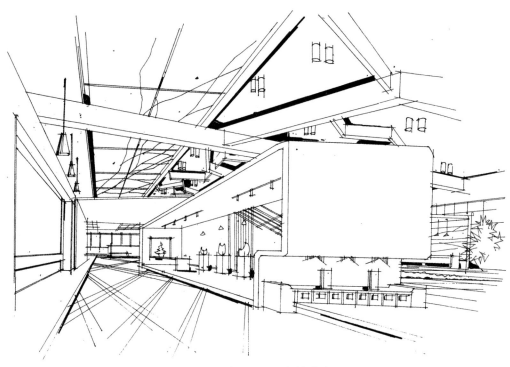

图 4-67　商业展示空间线稿表达

② 图 4-68 的手绘线稿图呈现出服装店室内设计展示空间的部分内容，流线上围绕店面工作台和展示台布点的走向进行分析和设计，立面处理上也做到了对不同类型的衣物进行合理的展示和区分，展示台进行了切角设计，一定程度上提升了空间的安全系数。

图 4-68　服装展示空间线稿表达

③ 线稿图4-69的空间进深感较强，顶面进行了局部吊顶的处理，这对于在某一空间展示特定主题起到很好的呈现作用，立面未做过多的处理。绘制手法上，对左右空间划分了主次关系，并进行了场地的分区，预留了道路空间。

图 4-69　主题商业空间线稿表达

④ 线稿图4-70的场地空间感较强，吊顶的进深感和主体场地之间形成了鲜明的对比，主次区别比较明确，手绘线稿绘制上整体较为流畅，画面绘制为典型的两点透视。主体场地内部空间设计上通过隔断进行分割，一定程度上起到很好的划分作用。

图 4-70　商业空间一角线稿表达

⑤ 线稿图 4-71 的空间设计整体造型较新颖，有辨识度，整体空间科技感较强。对于不同空间的绘制，其从立面上进行了不同程度的处理，整体空间感较强，曲线设计运用较多，并且能够表达整个场地的位置关系。

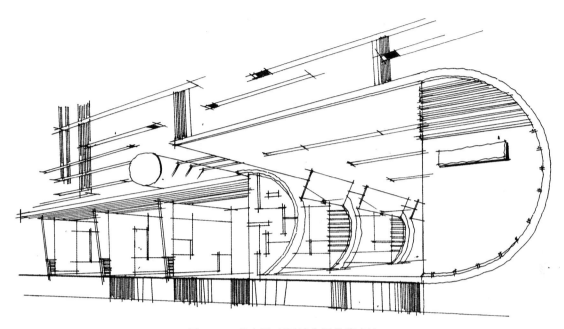

图 4-71　几何造型展示空间线稿表达

⑥ 线稿图 4-72 书吧空间的设计整体呈现现代主义风格，吊灯的异形处理是该空间的一大特色，通过面状光源的组合，进行整体顶部空间的统一，针对场地不同的功能属性，设计有休闲卡座区和大众阅读区，满足不同人群的需求。

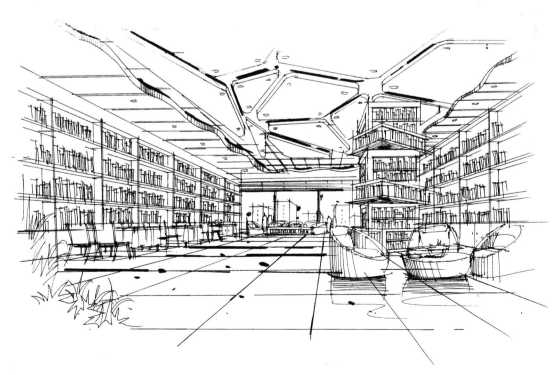

图 4-72　休闲书吧室内空间线稿表达

⑦ 图4-73的线稿图空间尺度合理，展示功能较为突出，顶面折线设计手法的运用与垂直空间进行联系的处理方法是该手绘线稿的一大亮点。立面设计上多出现几何形状的设计手法，并增添了其他附属功能，通过镂空的处理手法，使得空间更加生动。

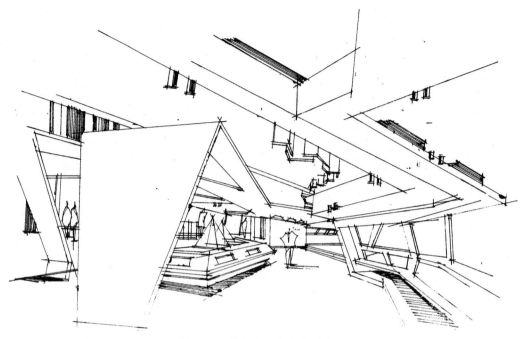

图4-73　休闲商业空间线稿表达

⑧ 线稿图4-74空间曲线的运用是本次设计的亮点，针对人群浏览路线和空间关系，顶面造型设计的处理和场地中铺装造型处理相互联系，最终形成统一的整体。吊灯的设计应该了整体的设计风格，在空间上起到了画龙点睛的作用。

图4-74　有机造型展示空间线稿表达

⑨ 线稿图4-75的空间比较整体，局部空间展示的内容也较为丰富，手绘线稿的绘制采用了两点透视的设计原理，整体绘制流畅，线条的表达性较强。接待台的设计起到了一定的指引效果，有一定的方向性。

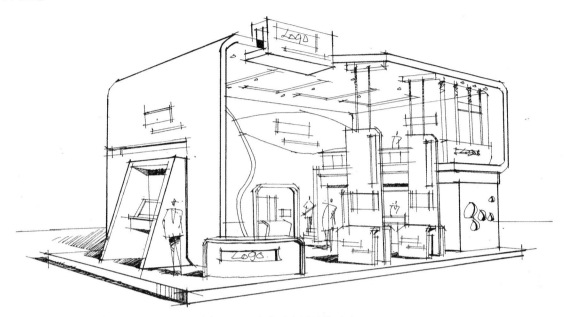

图4-75　品牌展台设计线稿表达

⑩ 图4-76的空间借鉴了流线性较强的圆形进行设计，并对吊顶进行了局部处理，具有很强的视觉冲击力，也增强了流线性。左右空间进行了动静结合设计，一定程度上划分了空间，再加上立面墙面的处理，整体效果良好。

图4-76　艺术展示空间一角线稿表达

⑪ 线稿图 4-77 的空间进深感强，对于较为封闭的空间设计，材质的整体统一可以烘托场地的属性。在立面墙面处理上，有嵌入式仪器进行对外展示，设计具有较好的社会尺度空间感，提高实用度。灯具的设计采用点光源和面光源进行展示，提高整体空间的照明度。

图 4-77　商业展示空间线稿表达

⑫ 线稿图 4-78 的空间展示为复式风格的售楼部设计空间，分为上下两层，手绘线稿主要是针对一楼的展示区进行的表达，模型沙盘设置在空间的中间位置，作为视觉焦点，起到良好的展示作用，并且可以引导人流动向，立面上也进行了较为细致的绘制，表达了场地的主题氛围。

图 4-78　售楼空间线稿表达

⑬ 线稿图4-79的空间展示内容较丰富，整个空间采用点光源进行场地布置，针对阅读空间进行了较多设计工作，该空间为复式双层空间，主要展示一楼重要的几大空间，如：阅读区、借阅区、展示区等。室内承重柱也进行了装饰和美化，与环境相统一。

图 4-79 休闲书吧一角线稿表达

⑭ 图4-80的服装店面展示空间内容较为丰富，吊顶设计有射灯进行空间氛围营造，起到烘托整个空间的作用，货架的布置和立面墙体的展示合理利用了空间资源，符合标准的服装设计店面设计内容，画面主次分明，特点较明确。

图 4-80 服装店室内空间线稿表达

⑮ 图 4-81 的手绘线稿表现的是售楼部场地内容，画面有一定的空间进深感，属于一点透视原理绘制的图纸范畴，具有代表性。吊顶采用异形图案进行设计，有一定的张力，也是该空间的一大特色，空间布局设计有洽谈区、展示区、休闲区等必要空间，整体效果完整。

图 4-81　售楼大厅室内空间线稿表达

⑯ 图 4-82 的空间进深感强，主次比较明确，顶面利用曲面造型进行灯光设计，具有特色。墙面也进行了细致的处理，利用不规则图形进行装饰，体现空间的趣味性，沿墙面设计有卡座进行围合，具有一定的私密性，画面整体效果完整。

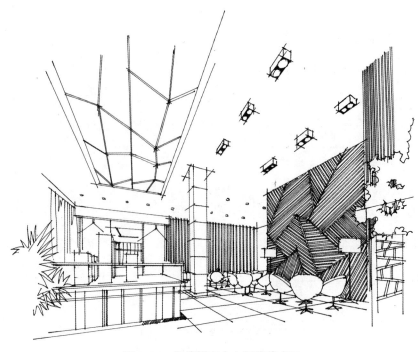

图 4-82　售楼部室内空间线稿表达

4.5 酒店空间的线稿表现

4.5.1 酒店大堂空间设计特点

酒店空间中大堂属于重点设计区域，所处位置常与酒店入口处相连。大堂包含的功能区域有门厅、总服务台、休息区、大堂吧、楼(电)梯厅、餐饮区和会议的前厅，其中最重要的是门厅和总服务台。

① 门厅——门厅作为酒店室内空间与室外空间的一个过渡区域，起着承上启下的作用。酒店门厅要求醒目宽敞，既便于客人认辨，又便于人员和行李的进出。最常见的门厅平面布局是将总服务台和休息区分在入口大门区的两侧，楼、电梯位于正对入口处。这种布局方式有功能分区明确、路线简捷，对休息区干扰较少的优点。

门厅的空间应开敞流动，来宾对各个组成部分能一目了然。同时，为了提高使用效率与质量，不同功能的活动区域必须明确区分。门厅的空间大小取决于建筑本身的空间结构，空间较大时，可以安排一些功能区域，如宣传广告等。如果门厅不是独立空间，则要注意空间的序列关系，可用家具或植物的布置，对空间进行分隔。

② 总服务台——总服务台、行李间、大堂经理及台前等候属一个区域，需靠近入口且要求位置明显，以便客人迅速办理各种手续。总服务台的主要业务包含办理入住登记、房卡管理、出纳结账等，总服务台的高度一般设计在 1.2m 左右。

③ 休息区——休息区主要为客人登记、结账、等候休息所用，配置一定数量的沙发、座椅即可，该区通常选择相对安静的位置。

④ 餐饮区——酒店大堂的餐饮区通常提供咖啡饮品、西餐轻食等服务，往往设有钢琴等音乐演奏设备，辅以灯光、装饰设计营造艺术、舒缓的室内空间氛围。面积较小的酒店则常将休息区与餐饮区结合布局。

⑤ 大堂辅助设施对于豪华酒店装修设施是必不可少的，包括行李和小件寄存、衣帽间、珠宝或礼品店、花店、书店。

酒店大堂的设计有赖于对空间造型、比例尺度、色彩构成、光照明暗、材料质感等诸多因素的成功组合。在对酒店大堂的整体布局设计中，其作为酒店空间中重要的交通联系枢纽，要保证人流交通的通畅；空间处理上高大开敞，各功能区域在装饰上保持整体一致性。在装修材料上，通常以石材如大理石、花岗岩、高级木材为主。

4.5.2 酒店大堂空间手绘线稿赏析

① 图 4-83 的空间感较强，大堂接待处一目了然，是视觉的中心点，前台的造型也比较新颖，具有现代感。左右空间主次分明，左边空间设计有展示柜，右边空间用矩形条纹进行了墙面处理，起到很好的视觉效果，更显引导性。

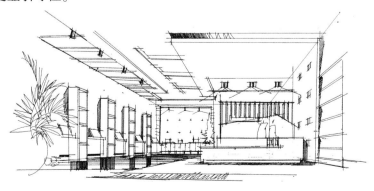

图 4-83 酒店接待空间线稿表达

② 图4-84空间的手绘线稿选用典型两点透视原理进行绘制，场地进深感较强，酒店的洽谈区为相对独立的空间，局部做了抬高处理，更有围合感。吊顶采用面状光源进行绘制，有一定的趣味性，也满足日常采光需求，整体家具的布置科学合理。

图4-84 酒店大堂一角线稿表达

③ 线稿图4-85的线条简单明了，透视关系合理，能正确地表达空间的前后关系。柱子的造型是该空间的亮点，针对柱子的造型特征，设置几何形的展示框进行表达，具有完整性。立面的设计内容比较少，前后对比强烈。

图4-85 酒店接待区线稿表达

④ 线稿图4-86的酒店空间体现出商务洽谈功能的特性，属于欧式风格。吊顶的设计上比较负责，有穹顶造型作为局部呈现，灯具的选择上也比较有特色，围绕具体空间进行家具布置，围合感较强，细节处理得当，主次分明。

图 4-86　酒店大堂线稿表达

⑤图 4-87 的层高是该空间一大呈现优势，吊顶的处理比较新颖，有不同光源的展示和设计，整体造型为条状，与地面地毯相互联系，具有一定的方向性。接待处前台造型大方，且设计上体现了其功能，背景墙简单明了，更体现空间的整体性。

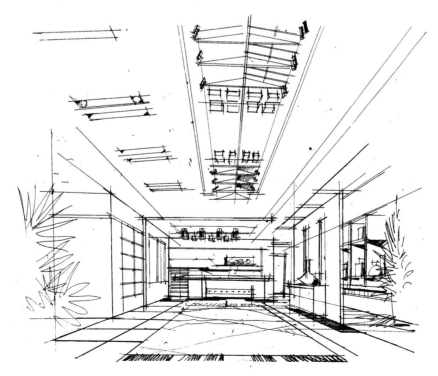

图 4-87　酒店接待区线稿表达

⑥ 线稿图 4-88 的空间层次感较强，针对酒店大堂的设计，进行了不同程度的区分，前面的接待洽谈区作为次要表现方面，手绘线稿图中没有过多的表现细节部分，中间的前台和场地为整个大堂的核心区域，吊顶的不同变化和立面墙体造型的处理相对合理和完善。

图 4-88　酒店大堂休闲区线稿表达

⑦ 线稿图 4-89 为典型的一点透视手绘线稿图，整体布局合理，有针对性。空间布置上较有科技感，针对空间的属性，设计有两个步行路线。墙面采用几何形造型进行处理，与吊顶的不规则形状呼应比较，体现整体风格，细节处理比较完整。

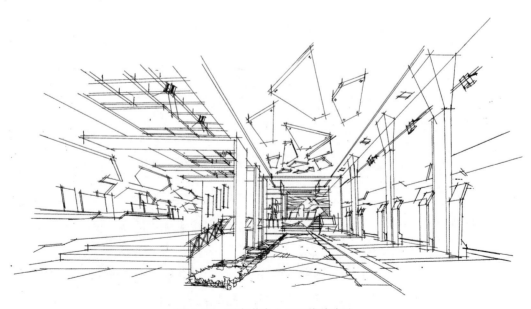

图 4-89　酒店大堂入口区线稿表达

⑧ 线稿图 4-90 的为洽谈休闲空间的设计，绘制上体现主次关系，壁炉的设计细致，刻画丰富。墙面进行了软包设计，形成不同材质的对比，同时在沙发的选择上也进行了思考，符合整体空间风格，带给人们不同的空间体验。

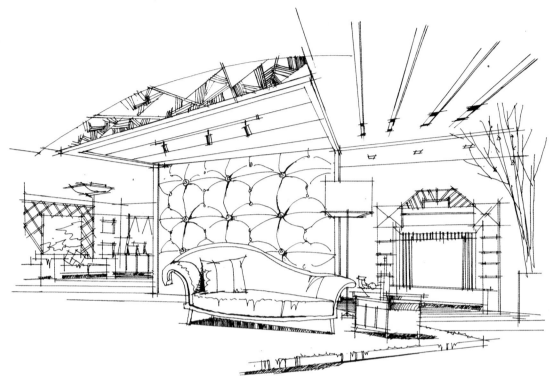

图 4-90　酒店大堂休闲区一角线稿表达

⑨ 图 4-91 的手绘线稿表现为酒店大堂空间设计，其空间感强，吊顶设计和地面铺装相互联系，为弧形设计样式，充分体现了前台的目标性。前台细节设计上较突出，背景墙设计划分了不同空间，总体较大气，空间上较为完整，体现出服务关怀。

图 4-91　酒店大堂一角线稿表达

⑩ 线稿图 4-92 的酒店前台设计较为大气，空间上有一定的指引性，主次分明。吊顶采用曲面表现手法进行设计，并与地面拼花形成了鲜明的对比，周边空间设置有围合式种植池和花钵进行放置，更容易体现整体空间感。吧台造型新颖，符合人机工程学的一般知识。

图 4-92　酒店接待区线稿表达

4.6　餐饮空间的线稿表现

4.6.1　餐饮空间设计特点

餐饮空间主要由用餐区、公共区、厨房区、卫生设施和其他服务设施构成，这些功能区与设施共同构成了完整的餐饮功能空间(图 4-93)。

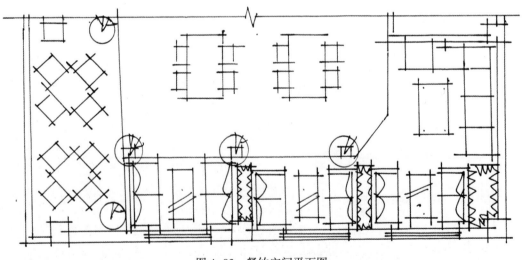

图 4-93　餐饮空间平面图

餐饮空间设计要全局考虑空间设计、使用要求、人体尺度，还要符合人的心理需求。首先，要在平面布局中综合考虑各个空间的使用性质、使用要求、使用功能以及顾客消费的心理感受，要把重要的、朝向好的空间用于顾客的用餐区域，把建筑的主立面作为商业餐饮空间的出入口，把一些次要的空间和零散的空间充分地加以利用。具体要考虑几个方面：

（1）总体布局

总体布局设计的时候，首先把入口、前厅接待作为第一空间序列；把就餐区、包房、卡座作为第二空间序列；把卫生间、厨房和库房这些作为最后一组空间序列，考虑好交通流线是否清晰，功能划分是否明确，减少各个功能区之间不必要的干扰。

（2）用餐区

餐厅用餐区域的布置要考虑便利顾客和服务人员的活动、道路的合理，还要考虑餐厅饭店自身的特征和顾客集体，巧妙地使用空间，使餐厅饭店发挥出最大效益。从空间布局上来说，要以顾客的无障碍流动和便捷使用为中心，顾客至上。再围绕着桌椅座位展开服务路线的设计，注意要避免顾客和服务员的碰撞。小型餐厅的过道布置应体现流转、便利、安全的特征，切忌凌乱，要保证效力人员顺畅地完成任务。通道的规范要契合人体活动的功用要求。

整个餐饮空间中分隔及就餐所用桌椅组合的形式应该多样化，以满足不同顾客的要求，丰富室内空间层次；同时，空间分隔应有利于保持不同餐区、餐位之间私密性确保不受干扰。

根据餐厅经营内容、特点、面积和规模的不同，用餐区有几种不同的座位布置形式。从总体上可以归纳为：散座、卡座、包间三种形式。用餐区一般就是通过这三种不同形式的变化与组合共同构成的。这样的构成方式主要可以增强空间的层次感，丰富空间类型，也更好地满足顾客的使用需求；再一个就是通过这种疏密有致、大小不一的空间组合形式，能够把有限的室内空间进行一个最大化利用。

（3）厨房区

厨房是餐饮空间的生产加工部分，必须从实际使用出发去合理布局。餐厅空间和厨房的连接要便利，厨房空间及配餐室的声音和气味不能影响到顾客的就餐。厨房的设计要根据餐饮部分的种类、规模、菜谱的内容和构成来综合确定。也是餐饮空间中除了用餐区以外的主要功能区，为顾客提供食物的加工和制作。制作功能区的主要设备有消毒柜、菜板台、冰柜、点心机、抽油烟机、库房货架、开水器、炉具、餐车、餐具等。

厨房设计应遵循的原则：

① 厨房格局设计必须注意动线的流程，最好能以各项设备来控制员工的行进方向；而且厨房的进出通道也必须分开，这样才能避免员工发生碰撞的危险。

② 厨房的进出货必须有专用的通道，而且绝对不可以穿过烹饪作业中心区，以免妨碍烹饪工作或发生意外。

③ 厨房应该进行分区设计，例如：冷食区、热食区、洗涤区等。

④ 应该将空间的充分有效利用作为格局设计的主要参考标准。

⑤ 厨房的设备与设施都必须考虑到人体工程学，让员工能在最适宜的环境下工作，否则将会影响员工的工作效率。

（4）卫生设施和其他

卫生间作为餐饮空间中必不可少的配套功能区，应与餐厅设在同一楼层，防止不便利；从厨房到就餐区的人员路线最好避免与卫生间到就餐区的路线交叉。餐厅的级别越高，其配套功能就相应越齐全。有些餐厅还配有休闲娱乐设施，如表演舞台、影视厅、棋牌室等。

（5）餐厅动线安排：

动线主要指的是顾客、餐厅服务人员及物品在餐厅内的行进方向路线。具体可以将动线分成顾客动线、服务人员动线和物品动线。

① 顾客动线：顾客进入餐厅后的行进方向应该设计成直线向前的方式，让顾客可以直接顺畅地走到用餐的座位上。如果行进路线过于曲折绕道，会令顾客产生不便感，而且也容易造成空间内动线混乱的现象。餐厅内通道时刻保持畅通，餐厅通道的部分尽可能地方便客人。避免顾客动线与服务动线发生冲突，避免重叠。餐饮空间通道设计中，1个人舒适地走动需要宽约95cm，两个人舒适地走动需要135cm，不少于110cm，3个人舒适地走动需要180cm。具体通道的尺寸根据所设计的餐厅大小、承载的顾客数量来决定。

② 服务人员动线：服务人员的主要工作是将食物端送给顾客。为求最佳的工作效率，餐厅服务区的动线也应该采取直线设计，尽量避免曲折前进，同时还要避开顾客的动线及进出路线，以免发生碰

撞。服务人员通道一遍宽度为 90~130cm。

③ 物品动线：餐厅物品及食物原料的进出口及动线应该与服务人员动线及顾客动线完全区隔开来，以避免影响服务人员工作、打扰顾客的用餐。比较好的方式是将其设置在邻近厨房及仓库区。

4.6.2　餐饮空间设计赏析

① 图 4-94 的手绘线稿在表现上透视正确，有一定的空间进深感。整体场景表现较全面，座椅的形式设计得当，更好地展示了设计的意向，图面效果稳定。立面元素中竹子的选用，在交流的过程中增添一定的舒适感，布局较合理。

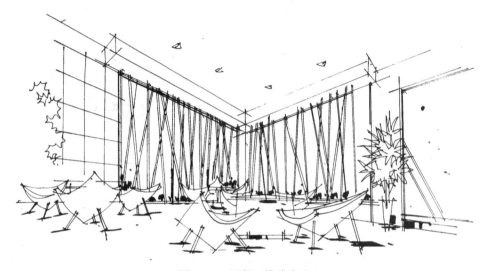

图 4-94　用餐区线稿表达

② 线稿图 4-95 场景画面中最大的设计特色在于材料的选择，沉稳的木材、回纹挂画及门窗设计能给餐厅增添不一样的气质。通过各种中式古典元素在形式、质感上的对比，寻求其和谐，增添空间的庄重感。附有年代感的木质窗格、中式家具，以及配有点缀的中式吊灯，使整个空间庄重古典，木质桌椅雕刻的精致程度更是提升了人们视觉上的震撼力。

图 4-95　中式风格包间线稿表达

③ 线稿图 4-96 大气且人性化的餐厅设计，创造出较为宽敞的用餐环境，属于简中风格。其中局部圆形吊顶的设计作为画面的焦点，意义重大，家具的放置与现代艺术装饰品相结合，整体氛围比较温馨自然，整体餐厅的布局统一和谐。

图 4-96　餐饮空间用餐区线稿表达

④ 线稿图 4-97 的场地在空间的营造方面，简单明了，生动形象地表现物体的各个侧面及结构。直接表现出了空间的准确透视和形状，吊顶设置有特色灯具，根据场景的最佳表现视角来设定光源。融入光影效果，充分体现空间曲折感和层次感。

图 4-97　餐饮空间一角线稿表达

⑤ 线稿图 4-98 的就餐区空间进深感较强，远处设计有落地窗，整体简洁、大方。近处的桌椅具有灵活性和流动性，且前后的摆放布局紧密结合。家具设计和布置上较实用，室内装饰小品的运用实属营造了一场视觉盛宴，在细节的处理上非常得当。

图 4-98　散座区线稿表达

⑥ 图 4-99 为餐饮空间手绘线稿图，吊顶采用异形样式进行设计和表达，彰显就餐个性。整体空间设计上将墙壁做成开窗，增加餐厅的采光度。餐厅灯具和背景墙整体造型采用条状造型布置，较为完整，整体空间风格上比较统一。

图 4-99　卡座区线稿表达

⑦ 线稿图 4-100 的弧形造型吧台设计是整个空间中的一大特色，吧台外部设置有座椅可以使用。围绕弧形墙体的走向，采用标准的四人组合座椅进行放置，最大程度上利用了场地和空间，整体空间的流线性较强，具有一定的可达性。

图 4-100   餐饮空间用餐区一角线稿表达

⑧ 线稿图 4-101 的场地体现餐饮空间的设计范畴，整体绘制线条简洁明了，桌椅由直线线条组成，简约时尚，具有较强的现代感。辅以圆形的盆景打破空间沉寂，使空间灵动且富有生气。立面的处理上也进行了深入思考，表现力强。

图 4-101   主题风格餐饮空间线稿表达

⑨ 线稿图 4-102 的空间简洁大方，照明面积大，分割不同空间，满足不同使用者的偏好，整体空间显得井井有条。设置的绿植区打破空间的死寂，使空间丰富起来，围合感十足，具有趣味性，起到较好的心理视觉效果。

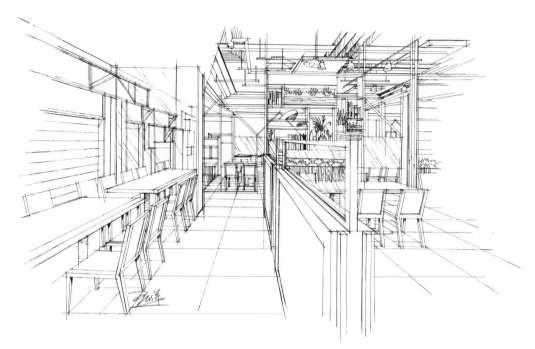

图 4-102　现代风格餐厅线稿表达

⑩ 图 4-103 的餐饮空间为中式设计风格的手绘线稿图，家具的选择和配置上尤为明显，空间中多用隔窗、屏风来划分空间，设计上重视流线设计，重视保护客人的隐私，结合桌面装饰小品的布置，创造富有特色的就餐环境。

图 4-103　中式风格餐饮空间线稿表达

⑪ 线稿图4-104的卡座区在餐饮空间中是重点设计的位置，弧形的联排座椅更能凸显空间的围合感和私密感，同时曲线造型的设计更加节省空间，也是常见的表现形式。顶面吊灯的处理上，满足卡座照明的正常使用，空间感较强。

图4-104　餐饮空间用餐区线稿表达

⑫ 线稿图4-105的空间是对餐饮空间中宴会厅进行的绘制和表达，吊顶的形式根据地面铺装的形式进行设计，体现统一性。散座区的设计比较合理，采用常见的四人座椅形式进行布置，为典型的一点透视设计手绘线稿，空间感较强。

图4-105　餐厅散座区线稿表达

第5章

完成篇

◆ 作品展示

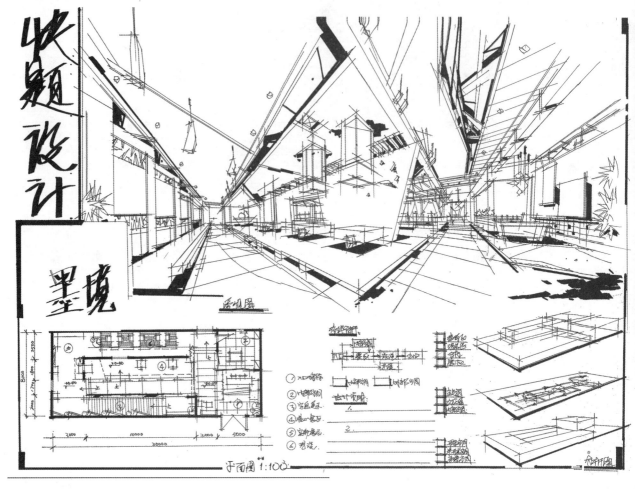

图 5-1　眼镜店室内空间快题设计

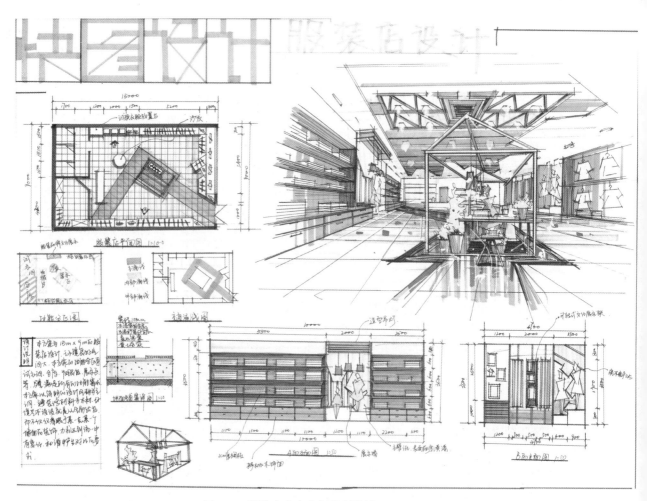

图 5-2　服装店室内空间快题设计

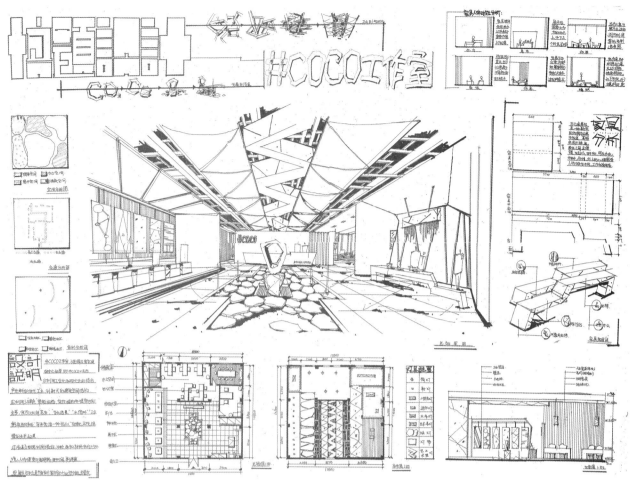

图 5-3　coco 工作室室内空间快题设计

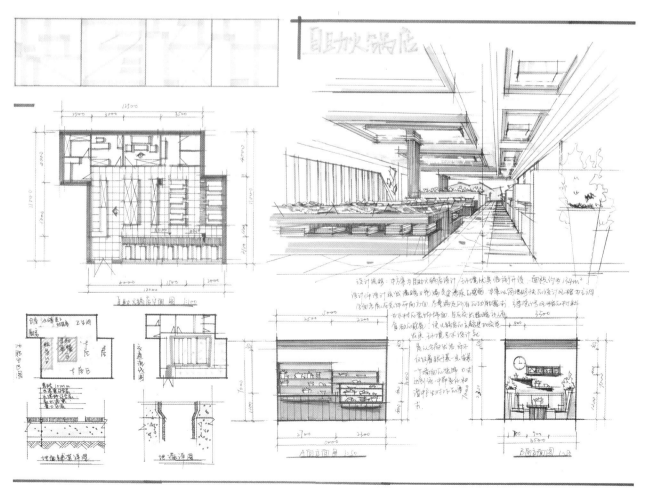

图 5-4　自助火锅店室内空间快题设计

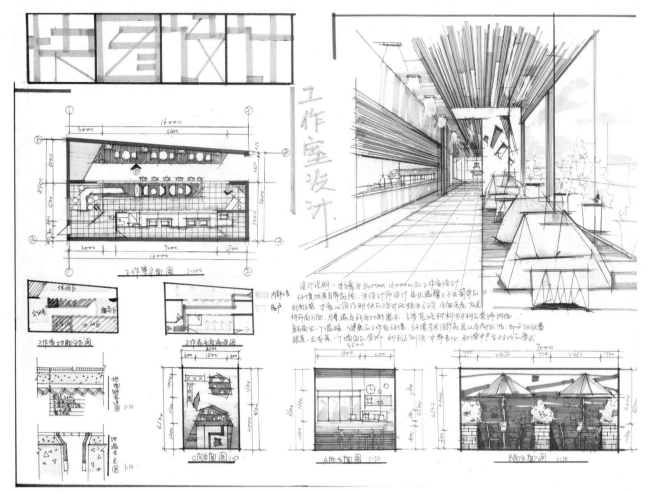

图 5-5 工作室室内空间快题设计

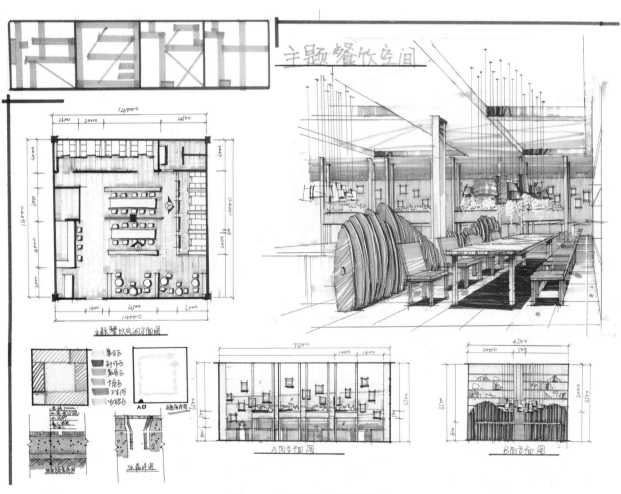

图 5-6 主题餐饮空间快题设计

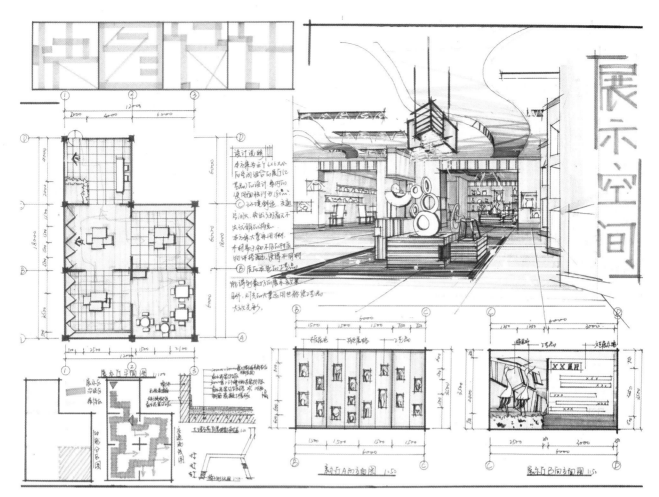

图 5-7 展示空间快题设计

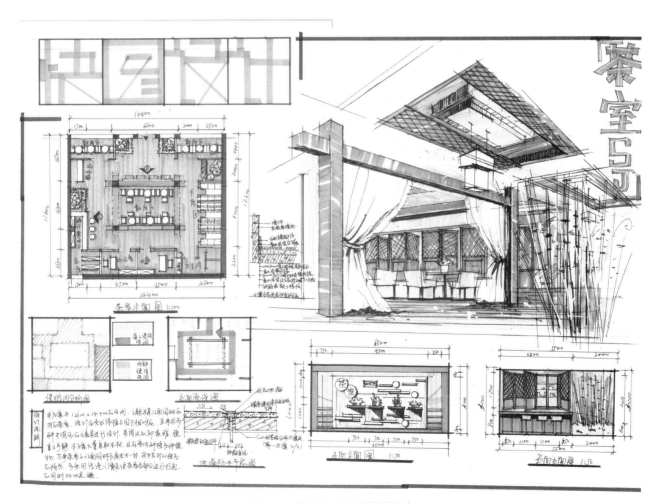

图 5-8 茶室室内空间快题设计

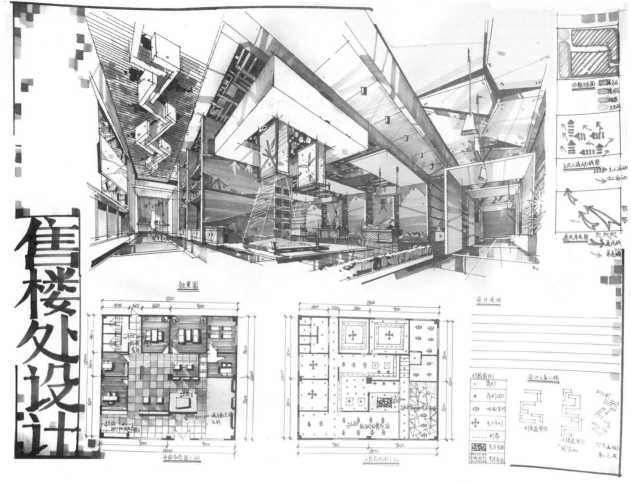

图 5-9　售楼处室内快题设计

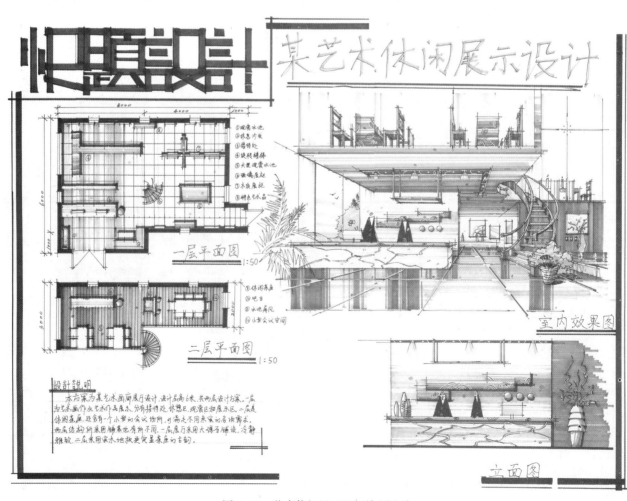

图 5-10　艺术休闲展示空间快题设计

参 考 文 献

［1］ 张绮曼，郑曙旸．室内设计资料集［M］．北京：中国建筑工业出版社，1991．

［2］ 李瑞君．室内设计原理［M］．北京：中国青年出版社，2013．

［3］ 玛丽露·巴克．办公空间设计［M］．北京：中国青年出版社，2017．

［4］ 胡海燕．建筑室内设计：思维设计与制图［M］．北京：中国化学工业出版社，2014．

［5］ 张月．室内人体工程学［M］．北京：中国建筑工业出版社，2012．